国 家 重 点 规 划 图 书

21世纪规范化养殖日程管理系列

养鹅

日程管理及应急技巧

.... 段修军　主编

U0256364

中国农业出版社

本书编写人员

主　　编　段修军

副主编　孙国波　张　玲
　　　　　钱学智

编　　者　（按姓名笔画排序）
　　　　　王丽华　王　健
　　　　　卞友庆　刘奇良
　　　　　孙国波　孙　谦
　　　　　张　玲　陈章言
　　　　　段修军　钱学智
　　　　　唐现文　陶宏卫
　　　　　董　飚

审　　稿　杨廷桂

本书有关用药的声明

前　言

　　我国鹅饲养历史悠久，是最早实现鹅驯养的国家，现有的鹅资源极为丰富，世界 60％以上的鹅种分布在我国，目前已连续多年成为世界上鹅饲养量最多的国家。但是我国的鹅产业发展水平却不高，现有的家庭式、散养式的鹅养殖面临着诸多挑战，使得我们的鹅产品在国际竞争中处于不利局面。为了扩大鹅科学饲养技术的普及面和利用率，我们依据鹅的饲养管理特点，编写了《养鹅日程管理及应急技巧》一书，供广大读者参考。本书在撰写的时候与其他相关书籍进行了比较，具有如下优势或特色。

　　针对性突出：本书依据鹅的生物学特性，对鹅每个阶段的养殖特点、管理要求都进行了针对性说明，并设置了知识提醒等栏目，并且对鹅日常出现的问题设置了应急性技术处理章节，有效提升了书籍本身的针对性。

　　可操作性强：一般的书籍理论性较强，不完全适合养殖人员，而本书是为饲养人员专门编写的，十分注重操作性。本书按照日常的饲养程序，以日历的形式提供了每天具体时间段的操作要求，提升了该书的实际使用效果，充分体现了科普书的"操作性"。

　　设计人性化：在本书籍中，专门设计编排了一栏，用于记录一些信息，以便实现养殖过程追溯，也便于养殖人员进行规范管理和经验总结。该书明显区别于其他科普书籍，具有很强的互动性。

　　本书共6篇，分别就鹅场的准备、生产日程管理、应急技巧、用药、生产管理档案、生产常用基本资料等方面作了较为详尽的介绍，内容注重科学性、实用性、系统性。在编写过程中难免会有疏漏和不妥之处，敬请各位批评指正。

2013年3月于泰州

目　　录

第1篇

准备篇

一、鹅场的规划设计

（一）鹅场的选址和布局

1. 鹅场的选址　场址的选择是否科学合理，对鹅场的建设投资、鹅群的生产性能及健康水平、生产成本及效益、场内环境卫生的控制及鹅场周围环境的控制等都会产生深远影响。

（1）鹅场应建在隔离条件良好的区域。鹅场周围 3 千米内无大型化工厂、矿场，1 千米以内无屠宰场、肉品加工厂、其他畜牧场等污染源。鹅场距离干线公路、学校、医院、乡镇居民区等设施至少 1 千米以上，距离村庄至少 100 米以上。鹅场不允许建在饮用水源的上游或食品厂的上风向。

（2）水源充足，水活浪小。鹅日常活动与水有密切关系，洗浴、嬉戏、交配都离不开水。水上运动场是完整鹅舍的重要组成部分，由于养鹅的用水量特别大，要有廉价的自然水源，才能降低饲养成本。选择场址时，水源充足是首要条件，即使是干旱的季节，也不能断水。通常将鹅舍建在河湖之滨，水面尽量宽阔，水活浪小，水深为 1～2 米。如果是河流交通要道，不应选主航道，以免骚扰过多，引起鹅群应激。最好鹅场内建有深井，以保证水源和水质。

（3）交通方便，远离要道。鹅场的产品、饲料以及各种物资的进出、运输所需的费用相当大，因此要选在交通方便的地方建场，尽可能距离主要集散地近些，以降低运输成本，但不能在车站、码头或交通要道（公路或铁路）的附近建场，以免给防疫造成麻烦，而且，环境不安静，也会影响产蛋。

（4）地势高燥，排水良好。鹅场地势要稍高一些，且略向水面倾斜，最好有 5°～10° 的坡度，以利排水；土质以沙质壤土最适合，雨后易干燥，不宜在黏性过大的土壤上建造鹅场，以防雨后泥泞积水。尤其不能在排水不良的低洼地建场，以免雨季到来时，鹅舍被水淹没，造成损失。

除上述四个方面外，还有一些特殊情况也要予以关注，如在沿海地区，要考虑台风的影响，经常遭受台风袭击的地方和夏季通风不良的山坳，不能建造鹅场；尚未通电或电源不稳定的地方不宜建场。

2. 鹅场的布局　合理设计生产区内各种建筑物及设施的排列方式、朝向、相互之间的间距和生产工艺的配套联系是鹅场建筑布局的基本任务。布局的合理与否，不仅关系到鹅场的生产联系和管理工作、劳动强度和生产效率，也关系到场区和每栋房舍的小气候状况，以及鹅场的卫生防疫效果。

（1）鹅舍排列。生产区建筑物的排列形式，应根据当地气候、场地地形地势、建筑物种类和数量，尽量做到合理、整齐、紧凑、美观。鹅舍群一般横向成排（东西），纵向成列（南北），称为行列式，即鹅舍应平行整齐呈梳状排列，不能相交。超过两栋以上的鹅舍群的排列要根据场地形状、鹅舍的数量和每栋鹅舍的长度，酌情布置为单列式、双列式或多列式。如果场地条件允许，应尽量避免将鹅舍群布置成横向狭长或纵向狭长状，因为狭长形布置势必造成饲料、粪污运输距离加大，饲养管理工作联系不便，道路、管线加长，建场投资增加。如将生产区按方形或近似方形布置，则可避免上述缺点。如果鹅舍群按标准的行列式排列与鹅场地形地势、当地的气候条件、鹅舍的朝向选择等发生矛盾时，可以将鹅舍左右错开、上下错开排列，但仍要注意平行的原则，不要造成各舍相互交错。例如，当鹅舍长轴必须与夏季主风向垂直时，上风向鹅舍与下风向鹅舍可左右错开呈"品"字形排列，这就等于加大了鹅舍间距，有利于鹅舍的通风；若鹅舍长轴与夏季主风方向所成角度较小时，左右列可前后错开，即顺气流方向逐列后错一定距离，也有利于通风。

（2）鹅舍朝向。鹅舍的朝向应根据当地的地理位置、气候环境等来确定。适宜的朝向要满足鹅舍日照、温度和通风的要求。鹅舍建筑一般为长矩形，其长轴方向的墙为纵墙，短轴方向的墙为山墙（端墙）。在北纬 20°～50°，鹅舍应采取南向（即鹅舍长轴与纬度平行）。这样，冬季南墙及屋顶可最大限度地收集太阳辐射热以利防寒保温，有窗式或开放式鹅舍还可以利用进入鹅舍的直射光起一定的杀菌作用；而夏季则可避免过多地接受太阳辐射热，以免引起舍内温度增高。如果同时考虑当地地形、主风向以及其他条件的变化，南向鹅舍允许作一些朝向上的调整，向东或向西偏转 15°～30°配置。南方地区从防暑考虑，以向东偏转为好，而北方地区朝向偏转的自由度可稍大些。不能在朝西或朝北的地段建造鹅舍，因为这种西北朝向的房舍，夏季迎西晒太阳，使舍内闷热，不但影响产蛋和生长，而且还会造成鹅中暑死亡；冬季招迎西北风，舍温低，鹅耗料多、产蛋少。

（3）鹅舍间距。传统的鹅舍需要设置陆上和水上运动场，这使得鹅舍之间必须有足够的间距。而完全舍饲的鹅舍，舍间间距必须认真考虑。鹅舍间距大小的确定主要考虑日照、通风、防疫、防火和节约用地。必须根据当地地理位置、气候、场地的地形地势等来确定适宜的间距。如果按日照要求，当南排鹅舍高为 H 时，要满足北排鹅舍的冬季日照要求，在北京地区，鹅舍间距约需 2.5H，黑龙江的齐齐哈尔地区的需 3.7H，江苏地区约需 1.5～2H。若按防疫要求，间距为 3～5H 即可。鹅舍的通风应根据不同的通风方式来确定适宜间距，以满足通风要求。若鹅舍采用自然通风，间距取 3～5H 既可满足下风向鹅舍的通风需要，又可满足卫生防疫的要求；如果采用横向机械通风，其间距也不应低于 3H；若采用纵向机械通风，鹅舍间距可以适当缩小，1～1.5H 即可。鹅舍的防火间距取决于建筑物的材料、结构和使用特点，可参照我国建筑防火规范。若鹅舍建筑为砖墙、混凝土屋顶或木质屋顶并做吊顶，耐火等级为 2 级或 3 级，防火间距为 8～10 米（3H）。

（二）鹅场规划

鹅场通常分为生活办公区、生产区和污物处理区等功能区。生活办公区主要包括职工宿舍、食堂等生活设施和办公用房；生产区主要包括更衣消毒室、鹅舍、蛋库、饲料仓库等生产性设施；污物处理区主要包括腐尸池以及符合环保要求的粪污处理设施等。

鹅场功能区必须分区规划，以建立最佳生产联系和卫生防疫条件为目的来合理安排各区位置。要将生活办公区设在全场的上风向和地势较高处，并与生产区保持一定的距离。生产区即鹅饲养区，是鹅场的核心，应将它设在全场的中心地带，位于生活办公区的下风向或平行风向，而且要位于污物处理区的上风向。污物处理区应位于全场的下风向和地势最低处，与鹅舍要保持一定的间距，最好还要设置隔离屏障。鹅场规划如图1-1 所示。

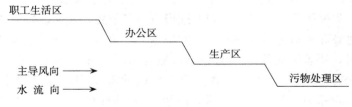

图 1-1　鹅场按地势、风向分区规划

（三）鹅舍设计

1. 孵化室建设　孵化室是种鹅场的重要组成部分，应与外界保持可靠的隔离，有专门的出入口，与鹅舍的距离至少应有150米，以免来自鹅舍的病原微生物横向传播。孵化室应具有良好的保温性能，外墙、地面要进行保温设计。孵化室要有换气设备，保证氧分压，使二氧化碳的含量低于 0.01%。

2. 育雏舍建设　4周龄前的雏鹅绒毛稀少，体温调节能力差，故雏鹅舍要求温暖、干燥、空气新鲜且没有贼风。舍内可设保温伞，伞下每平方米可容纳 25～30 只雏鹅。采光系数（窗户有效采光面积与舍内地面面积的比值）为 1：10～15，南窗应比北窗大些，有利于保温、采光和通风。为防兽害，所有的窗户及下水道外出口应装有防兽网。每栋育雏舍的有效育雏面积以250～300 米² 为宜。为了便于保温和饲养管理，育雏舍应再分隔为若干小间或栏圈，每间的面积为 25～30 米²。育雏舍地面最好用水泥或砖铺成，以便清洗和消毒。舍内地面应比舍外高20～30 厘米，以便排水，保证舍内干燥。因为鹅早期的生长发育很快，4周龄体重可达成年体重的40%，育雏密度在这一时期也要精心设计。一般采用地面平养时，每平方米饲养密度为1周龄雏鹅15只，2周龄为10只，3周龄为7只，4周龄为5只；网上平养饲养密度可略增加些。育雏舍的南向舍外可设雏鹅运动场，运动场应平整、略有坡度，以便雏鹅进行舍外活动及作为晴天无风时的舍外喂料场。运动场外侧设浅水池，水深20～25 厘米，供幼雏嬉水。育雏舍的建筑设计具体布置如图 1-2 和图 1-3 所示。

3. 育成鹅舍建设　育成鹅的生活力较强，对温度的要求不如雏鹅严格，而且鹅是耐寒不耐热的动物，所以育成鹅舍的建筑结构简单，基本要求是能遮挡风雨、夏季通风、冬季保温、室内干燥。采光系数比雏鹅舍大些，窗口可以开得大些。鹅舍内可分

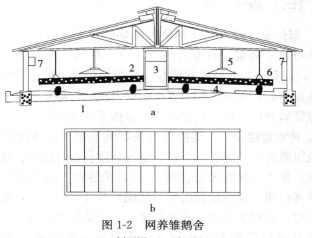

图 1-2 网养雏鹅舍

a. 剖面图 b. 平面图

1. 排水沟 2. 铁丝网 3. 门 4. 集粪池
5. 保温伞 6. 饮水器 7. 窗

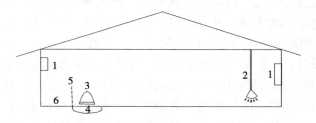

图 1-3 地面平养雏鹅舍

1. 窗 2. 保温伞 3. 饮水器 4. 排水沟 5. 栅栏 6. 走道

为几间，每间饲养育成鹅 100~200 只。鹅舍面积按每平方米 4~5 只计。这一时期是鹅长骨架、长肌肉、换羽且机体各个器官发育成熟的时期，鹅群需要相对多的活动和锻炼。因此，育成鹅舍应设有陆上运动场，面积为鹅舍的 2~3 倍左右，坡度一般为15°~30°，运动场与水面相连，随时可将鹅群放到水上运动场活动。水上运动场可利用天然无污染水域，也可建造人工水池。人工水池的面积为鹅舍的1～2倍，水深0.5～1米。陆地和水上运动场周围均需建围栏或围网，围高1～1.2米。

4. 种鹅舍建设 种鹅舍对保温、通风和采光要求高，还需要补充一定的人工光照。窗与地面面积比要求为1∶10～12，如果在南方地区南窗应尽可能大些，离地60～70厘米以上大部分做成窗，北窗可小些，离地约100～120厘米。舍内地面用水泥或砖铺成，并有适当坡度，饮水器置于较低处，并在其下面设置排水沟。较高处一端或一侧可设产蛋间、产蛋栏或产蛋箱，在地面上铺垫较厚的塑料或稻草供产蛋之用。鹅舍面积按大型品种每平方米2～2.5只、中小型品种每平方米3～3.5只计。种鹅必须有水面供其洗浴、交配，因此也应建有陆地和水上运动场，要求同育成鹅舍。水上运动场可以是天然的河流或池塘，也可挖人工水池，池深0.5～0.8米，池宽2～3米，用砖或石块砌壁，水泥抹面，墙面防止漏水。在水浴池和下水道连接处置一个沉淀井，在排水时可将泥沙、粪便等沉淀下来，以免堵塞排水道。

种鹅舍应建在靠近水面且地势高燥之处，要求通风良好。具体建筑和内部布置如图1-4、图1-5所示。

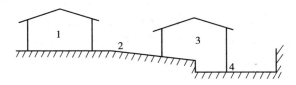

图1-4 种鹅舍建设

1. 鹅舍 2. 运动场 3. 遮阴棚 4. 水面

5. 肉用仔鹅舍和填肥鹅舍建设 肉用仔鹅舍和填肥鹅舍结构相似，多采用完全舍饲的方式，分为地面或网上饲养，目前也有笼养的。其结构按鹅舍跨度的大小设为双列式或单列式，每列

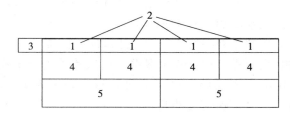

图 1-5 　种鹅舍
1. 鹅舍　2. 产蛋箱　3. 工具室　4. 运动场　5. 水池

再隔出若干小栏，每小栏 15 米^2 左右。采用网上饲养时棚架离地面 $0.6\sim0.7$ 米，这类鹅舍窗户可以小些，采光系数为 $1:15$。饲养密度一般为每平方米 4 只左右。

（四）鹅场的经济概算

建立鹅场的目的是为了盈利，因此在生产过程中要注意资金的支出和回收。只有在回收大于支出时，才算盈利，建场成功。

1. 成本　商品生产必须重视成本。生产成本是反映生产设备的利用程度、劳动组织的合理性、饲养管理技术的好坏和种鹅生产性能潜力的发挥程度，是衡量生产活动最重要的经济尺度。商品生产就是要千方百计降低生产成本，以低廉的价格参与市场竞争。其中生产成本的分类主要包括以下几个方面：

（1）固定成本。养鹅场必须有固定资产，如鹅舍、饲养设备、运输工具及生活设施等。固定资产的特点是使用年限长，以完整的实物形态参加多次生产过程，并可以保持其固有的物质形态，只是随着它们本身的损耗，其价值逐渐转移到鹅产品中，以折旧费方式支付，这部分费用和土地租金、基建贷款的利息、管理费等，组成固定成本。

（2）可变成本。也称为流动成本，是指生产单位在生产和流通过程中使用的资金，其特性是参加一次生产过程就消耗掉，如饲料、燃料、垫料、雏鹅、兽药等成本。之所以叫可变成本，就是因为它随生产规模、产品的产量而变化。

（3）常见的成本项目

①工资。指直接从事养鹅生产人员的工资、奖金及福利等费用。

②饲料费。指饲养过程中耗用的饲料费用，运杂费也列入饲料费中。

③兽药费。用于鹅病防治的疫苗、药品及化验等费用。

④燃料及动力费。用于养鹅生产的燃料费、动力费，也包括了水电费和水源费。

⑤折旧费。指鹅舍等固定资产基本折旧费。建筑物使用年限较长，15～20年折清；专用机械设备使用年限较短，7～10年折清。

⑥雏鹅购买费或种鹅摊销费。雏鹅购买费很好计算，而种鹅摊销费指生产每千克蛋或每千克活重须摊销的种鹅费用，其计算公式如下：种鹅摊销费（元/千克）＝（种鹅原值－残值）/每只鹅产蛋重量或种鹅摊销费（元/千克）＝（种鹅原值－残值）/每只种鹅后代总出售重

⑦低值易耗品费。指价值低的工具、器具、劳保用品、垫料等易耗品的费用。

⑧共同生产费。也称其他直接费，指除以上7项以外，能直接判明成本对象的各费用，如固定资产维修费、土地租金等。

⑨企业管理费。指场一级所消耗的一切间接生产费，销售部属场部机构，所以也把销售费用列入企业管理费。

⑩利息。指以贷款建场每年应交纳的利息。

2. 利润　任何企业，只有通过不断获得利润才能得以生存和发展，利润是反映鹅场生产经营好坏的一个重要指标。利润考核指标如下：

（1）产值利润及产值利润率。

产值利润＝产品产值－可变成本－固定成本

产值利润率＝产值利润/产品产值×100%

（2）销售利润及销售利润率。

销售利润＝销售收入－生产成本－销售费用－税金

销售利润率＝产品销售利润/产品销售收入×100%

（3）营业利润及营业利润率。营业利润反映了生产与流通合计所得的利润。推销费用包括接待费、推销人员工资、差旅费和广告宣传费等。

营业利润＝销售利润－推销费用－推销管理费

营业利润率＝营业利润/产品销售收入×100%

（4）经营利润及经营利润率。营业外损益指与企业的生产活动没有直接联系的各种收入或支出。例如，罚金、由于汇率变化影响到的收入或支出、企业内事故损失、积压物资降价损失、呆账损失等。

经营利润＝营业利润±营业外损益

经营利润率＝经营利润/产品销售收入×100%

（5）其他。衡量一个企业的盈利能力，只根据上述 4 个指标是不够的，因为利润中没有反映投资状况。养鹅生产是以流动资金购入饲料、雏鹅、兽药、燃料等，在人的劳动作用下转化成鹅及鹅蛋产品，通过销售又回收了资金，这个过程叫资金周转一次。利润就是资金周转一次的结果。既然资金在周转中获得利润，周转越快、次数越多，企业获利就越多。资金周转的衡量指标是一定时间内流动资金周转率。

资金周转率＝年销售总额/年流动资金总额×100%

企业盈利的最终指标应以资金利润率作为主要指标。

资金利润率＝资金周转率×销售利润率

＝总利润额/占用资金总额×100%

二、物品准备

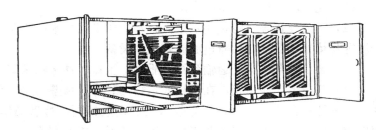

准
备
篇

（一）孵化机具的准备

1. 孵化箱

（1）箱式立体孵化器。箱式孵化器采用集成电路控制系统，在我国应用较广，其类型多，按出雏方式分为下出雏、旁出雏、孵化出雏两用和单出雏等，也可按活动转蛋车分为八角式、跷板式和滚筒式。其中旁出雏和下出雏孵化器只能同机分批出雏，孵化量小，且出雏污染未出雏胚蛋，不利于防疫，而孵化出雏两用类型可分批或整批入孵。单出雏是指将孵化和出雏两机分开，分别放置于孵化室和出雏室（图1-6），有利于卫生防疫，可整批或分批入孵。

图 1-6　箱式立体孵化器

（2）巷道式孵化器。孵化器容量可达 8 万～10 万只，其孵化和出雏两机分开，分别置于孵化室和出雏室，采用分批入孵和分批出雏。与箱式立体孵化器相比，巷道式孵化器占地面积小，箱体内温度呈梯度变化，控温、加湿、翻蛋准确可靠，目前我国已能自行生产这种孵化器（图 1-7）。

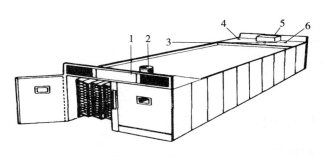

图 1-7　巷道式孵化器
1. 电控部分　2. 出气孔　3. 供湿孔
4. 压缩空气　5. 进气孔　6. 冷却水入口

（3）智能孵化器。我国自 1999 年起已能生产全自动智能孵化器，该类机型能自动控制温度、湿度、风门和翻蛋，还具有记忆查询、变温孵化和密码保护等功能，是今后孵化器的主要机型，并会向节能化方向发展。

2. 孵化配套设备

（1）发电机。用于停电时发电。

（2）水处理设备。孵化用水量大，水质要求高，水中所含矿物质等易堵塞加湿器，须有过滤或软化水设备。

（3）运输设备。用于运输蛋箱、雏盒、蛋盘、种蛋和雏鹅。

（4）照蛋器。照蛋箱，在纸箱或木箱内装灯，箱壁四周开直径 3 厘米孔；台式照蛋器，灯光眼与蛋盘蛋数相同，整盘操作，速度快，破损少；手提多头照蛋灯，逐行照蛋，快速准确；照蛋车，光线通过玻璃板照在蛋盘内蛋上，由真空装置自动吸出无精蛋或死胚蛋。

（5）孵化专用蛋盘和蛋车。

（6）高压水枪。用于冲洗地面、墙壁和设备。

（7）其他设备。移盘设备、连续注射器、专用的雏鹅盒等。

（二）育雏设备的准备

1. 控温设备

（1）煤炉。煤炉是育雏时最常用、最经济的加温设备（图1-8）。类似火炉进风装置，进气口设在底层，将煤炉原进风口堵死，另装一个进气管，其顶部加一小块铁皮，通过铁皮的开启来控制火力、调节温度。炉的上侧装一排气烟管，通向室外，管道在室内所经过路径越长，热量利用越充分。此法多用来提高室温，采用煤炉时要确保排气烟管密封严实，并经常开启门窗，加强室内通风，防止一氧化碳中毒。

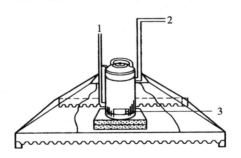

图 1-8　煤　炉
1. 进气孔　2. 排气孔　3. 铁皮炉门

（2）热风炉。热风炉是以空气为介质，以煤或油为燃料的一种供热设备，其结构紧凑，热效率高，运行成本低，操作方便，广泛运用于大规模育雏。使用时，点燃煤或油，随着火势逐渐加大，适当关小风机调节阀，开大鼓风阀，强制鼓风，炉温迅速升高。待达到正常温度要求（70～90℃）时，即可将风机调节阀、自鼓风阀恢复至常规位，扳开关到自动。适时看火、加煤（油）、取渣，维持正常燃烧。若要停烧，停止加煤（油）即可。停止加煤（油）后，风机仍会适时开启，将炉内余热排尽，保证炉体不过热，设定温度之下仍可用强制鼓风维持炉体缓慢降温，直至较低温度（45℃以下）拉闸停炉。全自动型具有自动控制环境温度、进煤数量、空气进入、热风输出，自动保火、报警、高效除尘等性能特点。图 1-9 为 GRF－10 龟式热风炉的示意图。

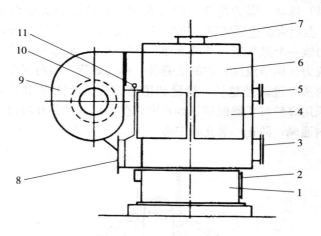

图 1-9　GRF－10 龟式热风炉

1.炉座　2.出渣口　3.加煤口　4.侧清烟　5.前清烟　6.炉体
7.烟囱　8.热风出口　9.风机　10.风机调节阀　11.自鼓风阀

　　（3）红外线灯。常用的红外线灯泡为 250 瓦，使用时可等距离在舍内排成一行，也可以 3～4 个红外线灯泡组成一组（图 1-10）。雏鹅对温度要求较高，第一周灯泡离地面 35～45 厘米，

图 1-10　红外线灯围篱育雏

随雏龄增大，对温度的要求逐渐降低，灯泡离地面的距离逐渐增大。一般使用3周后，灯泡离地面60厘米左右。在实际生产过程中，常根据环境温度、饲养密度进行调整。当雏鹅在灯下的分布比较均匀时，表示温度适中，距离合适；当雏鹅集中在灯下并扎堆时，表示温度不足，则需将灯泡的高度降低；当雏鹅远离热源，饮水量加大，表示温度过高，则提高灯泡高度或者关闭灯泡一段时间。利用红外线灯泡加温，保温稳定，室内干净，垫草干燥，管理方便，节省人工。但红外线灯耗电量大，灯泡易损坏，成本较高，供电不正常的地方不宜使用。

（4）育雏伞。各种类型育雏伞外形相同，都为伞状结构，热源大多在伞中心，仅热源和外壳材料不同，具体可根据当地实际择优选用。

①电热育雏伞。电热育雏伞呈圆锥形或棱锥形，上窄下宽，直径分别为30厘米和120厘米，高70厘米，采用木板、纤维板、薄铝板制成伞罩，夹层填玻璃纤维等隔热材料，用于保温。伞内壁有一圆电热丝，伞壁离地面20厘米左右挂一温度计，通过调节育雏伞离地面的高度来调节伞下温度，每只伞可育300～400只雏鹅（图1-11）。采用电热育雏伞加温可节省劳力，同时育雏舍内空气好，无污染，但耗电较多，经常断电的地方使用时受到限制，而且没有余热升高室温，故在冬季育雏时应有炉子辅

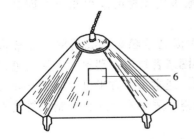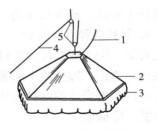

图1-11 电热育雏伞
1. 电线 2. 伞罩 3. 软围裙 4. 悬吊绳 5. 滑轮及滑轮线 6. 观察孔

助保温。

②燃气育雏伞。由燃气供暖的伞形育雏器，适用于燃气充足地区，与电热育雏伞形状相同，内侧上端设喷气嘴，使用时须悬挂在距地面0.8～1.0米处。

③煤炉育雏伞。由煤炉供暖的伞形育雏器，适用于电源不足地区。伞罩为白铁皮，伞中心为煤炉，煤炉底部垫砖块以防引燃垫料，以调节煤炉进气孔的大小来调节温度，炉上端设一排气管将有害气体排出室外，在距煤炉15厘米处设铁网以防雏鹅接近。

2. 饮水设备　养鹅用的饮水器式样较多，多由塑料制成，已形成规模化产品。最常见的有吊塔式饮水器、钟式饮水器。也有用旧的广口瓶改制的，将瓶口敲几个小的缺口，装满水后用盆子盖住瓶口，再倒转过来盖于盆子上，水即从小缺口处源源不断地流出，当水位淹没瓶口时，瓶内的水便停止外流。这种饮水器轻便实用，成本低廉，易清洗消毒，常用于地面平养的雏鹅。饮水器可以用无毒的塑料盆或广口水盆，但必须注意，在盆口上方加盖罩子（可用竹条、粗铁丝或塑料网制成），以防鹅在饮水时跳入水盆中洗澡，污染饮水。

3. 喂料设备　雏鹅较小，在开食时多用简单的工具，如饲料盘和塑料布等。塑料布最为简单易行，直接铺在地上进行饲喂，塑料布反光性要强，以便雏鹅发现食物，一般每1 000只雏鹅用6～7张即可。饲料盘一般采用无毒的浅料盘作为饲盆，这种盆便于清洗、消毒和搬动。

4. 塑料网和木、竹篾　为提高雏鹅育雏成活率，常常采用网上育雏。网上育雏可用塑料网或者竹篾：塑料网多为白色，网眼为正多边形，边长约1厘米，通常每平方米可育雏25～30只。有些地区根据当地的原材料价格，采用木条或竹子制成竹篾来用于育雏，降低成本。

5. 鹅篮（鹅箩）　鹅篮用毛竹篾编制而成，圆形，直径70～80厘米，边高25～30厘米，可用于装运雏鹅，也可用于饲养小鹅。育雏时供小鹅睡眠和"点水"之用（将小鹅关在鹅篮内，一起浸在水中，供其活动片刻，这种方法南方鹅农称为"点水"）。1 000 只雏鹅需要 45～55 只鹅篮。

6. 栈条（围条） 围条长方形，长 15～20 米，高 0.6～0.7 米，用毛竹篾编织而成，用作围鹅用。鹅大群饲养，抓鹅时极易造成应激，一般用围条围成若干小群。1 000 只雏鹅需要围条 4～5 张。

7. 垫料 垫料多用稻壳、锯木屑、干草、碎秸秆等。垫料要求干燥清洁、无霉菌、吸水性好。垫料板结或厚度不够，易引发疾病，应经常添加或更换。

（三）饲养设备的准备

1. 喂料设备 雏鹅转入育成期以后，喂料设备随之改为料桶、料箱或更为方便的链板式喂料器、螺旋式喂料器。喂料箱可以由木板或铝合金做成，一般长度为 1.5～2 米，可常备饲料，节省人工，鹅采食均匀，尤其适用饲喂颗粒料。链板式喂料器是通过机器带动料槽里的链条移动而带动饲料的移动，逐渐在料槽里填满饲料。桶式喂料器由料盘、贮料桶与采食栅等部分组成（图 1-12）。一般料桶高 40 厘米，直径 20～25 厘米，料盘底部直径 40 厘米，边高 3 厘米。这种喂料器能盛放较多的饲料，并且饲料随鹅采食自动下行。为了防止鹅大口采食饲料时将饲料撒出而造成浪费，应设采食栅罩在料盘上。一般 30～50 只鹅配一个喂料器。

2. 饮水设备 养鹅用的饮水器式样较多（图 1-13），多为塑料制成，已形成规模

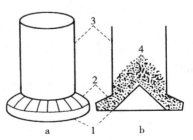

图 1-12 桶式喂料器

a. 立体图 b. 剖面图

1. 料盘 2. 采食栅 3. 贮料桶 4. 饲料

化生产。最常见的是吊塔式饮水器、钟式饮水器。也可以用无毒的塑料盆或其他材料的广口水盆，但必须注意，在盆口上方加盖罩子（可用竹条、粗铁丝或塑料网制成），以防鹅在饮水时跳入水盆中洗澡，污染饮水。

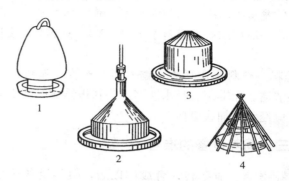

图 1-13　各种式样的饮水器
1. 钟式饮水器　2. 吊塔式饮水器
3. 铁皮饮水器　4. 陶钵加竹圈饮水器

3. 环境控制设备

（1）光照控制设备。光照可以进行人工控制，但是这样比较繁琐，现在大型养殖场多采用微电脑芯片设计，照明亮度自动变化，具有自动测光控制功能。

（2）降温设备。当舍内温度过高时，特别是炎热的夏天，就需要对鹅舍进行降温，防止过热对鹅产生应激。目前主要有以下几种降温设备。

①冷风机。具有降温效果好、湿润净化空气、噪声低、制冷快、操作方便、省电等优点。

②湿帘降温系统。该系统主要由湿帘与风机配套构成。湿帘分为普通型介质和加强型介质两种。普通型介质由波纹状的纤维纸黏结而成，由于在造纸原材料中加入特殊的化学成分，并采用特殊的工艺处理而制成，故具有耐腐蚀、高强度、使用寿命长的

特点。加强型介质是通过特殊的工艺在普通型介质的表面加上黑色硬质涂层，使纸垫便于刷洗消毒，有效地解决了空气中各种飞絮的困扰，遮光、抗鼠。湿帘降温系统是利用热交换的原理，给空气加湿和降温。通过供水系统将水送到湿帘顶部，进而将湿帘表面湿润，当空气通过潮湿的湿帘时，水与空气充分接触，使空气的温度降低，降温效果显著，夏季可降温 5～8℃，且气温越高，降温幅度越大。湿帘降温系统投资少，耗能低，被称为"廉价的空调"。使鹅舍内空气清新，降温均衡，湿度可调到最佳状态。

③喷雾降温系统。该系统由连接在管道上的各种型号的雾化喷头、压力泵组成，是一套非常高效的蒸发系统。它通过高压喷头将细小的雾滴喷入鹅舍内，随着水的蒸发而把能量带走，数分钟内可将温度下降到一定值。由于所喷细小雾滴被空气吸收，保持了地面干燥，还可同时作消毒用。该系统能高效降温，可减少通风量以节约能源，具有夏季降温、除尘、加湿、环境消毒、清新空气的特点，可全年使用。

（3）加热系统。加热系统参照育雏中控温设备。

4. 清洗、消毒设备　清洗设备主要是高压冲洗机械，带有雾化喷头的可兼作消毒设备用。消毒设备有人工手动的背负式喷雾器和机械动力式喷雾器两种。

5. 环境检测控制集成系统　控制系统可用于加热、降温、进风、光照等环境因素的有效监控和自动控制。

（1）简易小环境气候控制器。该系统具有可控制小环境气候、通风、加热和报警等功能，这种控制器安装和操作简便，还可连接到计算机上，使得信息管理集中化。它能够确保鹅舍的温度尽可能保持在鹅的舒适区内，并始终满足最小新鲜空气的要求。

（2）高级环境控制集成系统。该系统由主控制器、温度感应器、湿度感应器、水表感应器、料位感应器、警报装置、调制解调器等组成。通过相关参数设置、不同感应器的信息收集和主控制器的指令反馈，达到对鹅舍温度、湿度、光照、通风、供水、喷雾等各环境因素的集成控制。

6. 填饲机械 填饲机械通常分为手动填饲机和电动填饲机两类。

（1）手动填饲机。手动填饲机依填饲的鹅体大小而有多种规格，主要由料箱和唧筒两部分组成。填饲嘴上套橡皮软管，其内径为1.5～2厘米，管长为10～13厘米。手动填饲机结构简单，操作方便，适用于小型鹅场。

（2）电动填饲机。电动填饲机依推动填料的动力方式而分为螺旋推运式和压力泵式。前者利用小型电动机，带动螺旋推运器，推动饲料经填饲管填入鹅食道，适用于填饲整粒玉米，效率较高，多在生产鹅肥肝时使用。后者利用电动机带动压力泵，使饲料通过填饲管进入鹅食道，采用尼龙或橡胶制成的软管作填饲管，不易造成鹅咽喉和食道的损伤，也不必多次向鹅食道推送饲料，生产效率较高，适合于填饲糊状饲料，多用于烤鹅填饲。图1-14为卧式填饲机。

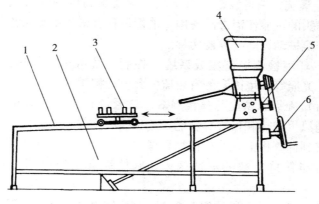

图 1-14　卧式填饲机

1. 机架　2. 脚踏开关　3. 固禽器　4. 饲喂漏斗　5. 电动机　6. 手摇皮带轮

（四）粪污处理设施的准备

粪便和污水是养鹅场最主要的生产废弃物，必须妥善处理，否则不仅会制约鹅生产本身的正常发展，而且会污染周围的环境，危害人类健康，甚至形成公害。

1. 粪便的处理与利用

（1）用作肥料。鹅粪用作肥料时，应先进行无害化处理，其方法有混合封存及堆肥法等。混合封存法即将粪尿、垃圾、垫草等贮存在贮粪池内加盖封存，在厌氧环境下，使其有机物氧化分解、发酵腐熟，促使病原体死亡。堆肥法是将粪尿与垃圾、垫草等有机废弃物混合堆积起来，通过产生高温及微生物相互的颉颃作用，致使病原微生物及寄生虫卵死亡，从而达到无害化的目的。

（2）生产沼气。制取沼气是将鹅粪、垫草等有机物与水混合，在一定条件下，经过多种微生物的发酵产生沼气。经过发酵，粪便、垫草中的寄生虫卵、病原微生物大部分被杀死，但沼气沉渣中还有少数虫卵等没有被杀灭，因此，清除出来的沉渣还需经堆肥或药物处理。

（3）用作饲料。网养或笼养的雏鹅粪用作饲料时，可采用干燥法和青贮法。干燥法就是采用自然或人工干燥的方法，在尽量保存鹅粪中养分的前提下，使水分降低，减小体积，便于运输贮存。还可将干粪压制成颗粒饲料喂给反刍家畜。青贮法就是将鹅粪与其他饲料，如糠麸、碎玉米、青饲料等混合装入缸、池或其他容器内，然后分层压紧，再用塑料薄膜封严，发酵一定时间后开封饲喂家畜。在饲料制作过程中需要使用混合搅拌机、运输机、加压混炼机、粉碎机等饲料制作设备。

2. 污水的处理

（1）土地消纳法。属土壤自然净化。鹅场污水经一段时间存放后，以慢速灌溉、快速渗滤和地面漫流等方式施于农田、果园、经济林地等，其中有机质可被土壤中的微生物降解，病原微生物和寄生虫卵可通过土壤厌氧条件、渗滤、微生物的颉颃作用，逐渐消除。

（2）氧化塘处理。主要有好氧塘、兼性塘和曝气塘3种。好氧塘最为常用，以光线穿透能保证藻类正常生长为宜。污水在塘内停留时间为3～20天。

（3）厌氧处理。首先进行厌氧发酵生产沼气，然后将沼液经沉淀池沉淀后，流入生物氧化塘，经生物氧化处理后再作灌溉或养鱼。

（五）运输设施的准备

运输在鹅的生产过程中是不可缺少的部分，在生产过程中所用的工具根据用途不同而异。在种蛋收集后，需要运输到孵化厅进行孵化，这就需要用专用的三轮车进行运输；在雏鹅出壳后，就需要用可以防风保温的面包车进行运输；在成鹅出售时需要用透风的车运输出去出售；饲料、粪便的运输也需要用三轮车，但要注意防疫，防止交叉感染。

（六）卫生防疫设施的准备

疾病的发生过程必然是病因通过一定途径作用于动物机体冲破了动物的防御能力而致。传染源、传播途径和易感动物三要素形成传染性疾病发生的环节。有效减少和暂时、局部消灭病原，切断传播途径，增强动物抵抗力，降低易感性，是防止疾病发生的关键。

1. 鹅舍隔离功能 良好的建筑及设施配备可以有效防止鹅舍外的有害病原进入鹅群。在建设鹅舍时应远离居民区，畜禽生物场所和相关设施，集贸市场和交通要道。鹅舍应相对密闭，还应考虑到便于清洗和消毒，平时注意防鸟、防鼠、防虫。以尽可能减少和杀灭鹅舍周围病原为目标，便于进行经常性的清洗和消毒，保持良好的环境卫生。

2. 人员进出消毒 专门设置工作人员出入通道，对工作人员及其常规防护物品进行可靠的清洗和消毒处理，最大限度地防止人对病原的携带；杜绝一切外来人员的进入，尽量谢绝参观访问，尽可能减少人员交叉，防止病原的交叉感染，交叉前应进行严格的清洗和消毒；饲养员应远离一切外界禽类及养殖场病原、污染源；对相关工作人员进行经常性的生物安全培训。

3. 物品交叉感染 舍内的喂料、喂水、运输工具等设备和物品要固定使用，生产过程中预防交叉污染，减少病原对鹅群的感染机会。

4. 饲料、饮水控制 提供充足的营养，防止病原从饲料和饮水进入鹅群，恰当配合饲料和改进饲喂技术，提供充足而合格的饮用水，对原始饲料和饮水及运输过程进行防污染控制，及时对饲料和饮水的质量进行检测。

5. 鹅群控制 防止病禽或者病原携带者进入健康的鹅群，同时通过日常的饲养管理减少病原侵袭和增强鹅群抵抗力。在引进鹅群时应详细了解苗鹅的来源，确保无病；避免不同品种、来源的鹅群混养，根据实际情况来决定是否需要全进全出的饲养方式，便于对鹅舍整体清洗和消毒；恰当的饲养密度对鹅群的健康也很重要；在日常饲养管理过程中应防止或减少应激的发生，防止生产操作中的污染和感染；定期对禽舍带鹅消毒，定期进行疫苗注射，定期进行鹅群的健康状况检查和免疫状态检测；在孵化过程中做好防感染控制，这包括种蛋收集、保存、运输、清洗和消毒。

6. 废弃物处理 垫料、粪便、污水、动物尸体和其他废弃物中含有大量病原微生物，要及时、正确处理。

三、消毒准备

（一）常用消毒药

1. 氢氧化钠　氢氧化钠又名烧碱、苛性碱，1％～3％浓度的液体可用于鹅舍、器具、墙壁、运动场、运输车辆的消毒或污染禽场突击性消毒，加热消毒效果更好。因该溶液对金属、木器、纺织品和动物皮肤等有腐蚀性，需特别注意。消毒后必须及时用水冲洗，然后才可使用。

2. 漂白粉　10％～20％的乳液用于排泄物、环境、车辆的消毒；1％～3％对食具、非金属用具消毒；每升水 0.3～1.5 克用于饮水消毒。

3. 生石灰　10％～20％石灰乳喷洒或涂刷，用于墙壁、地面、粪池、污水沟等消毒，也可将生石灰直接撒用；要现配现用。

4. 草木灰水　30％浓度新鲜草木灰水可用于禽舍地面、运动场、粪池、污水沟等的消毒。

5. 来苏儿　来苏儿又名煤酚皂溶液，3％～5％浓度可用于禽舍、墙壁、运动场、用具、粪便和进出口处消毒；5％～10％作排泄物消毒用。

6. 克辽林　克辽林又名臭药水，5％～10％作用于禽舍、墙壁、运动场、用具、排泄物及禽舍进、出口处消毒。

7. 新洁尔灭 0.1%的浓度可用于禽舍、地面、笼饲具、容器、器械、种蛋表面的消毒。该产品忌与肥皂、碘、高锰酸钾或碱配合。用于浸泡种蛋，温度40~43℃，不宜超过30分钟。

8. 甲醛 市售36%~40%甲醛溶液，与水1:1或与高锰酸钾2:1混合可用于禽舍、孵化室、孵化器、种蛋及出壳雏禽的熏蒸消毒；3%~5%浓度用于喷洒消毒。

9. 高锰酸钾 可用于皮肤、黏膜、创面冲洗，饮水、种蛋、容器、用具和禽舍等的消毒。常用0.01%溶液用于消化道消毒；0.1%溶液用于皮肤冲洗及饮水消毒；0.2%~0.5%用于种蛋浸泡消毒；2%~5%用于饲具、容器的洗涤消毒。现配现用。

10. 复合酚 复合酚又名菌毒敌、菌毒灭、菌毒净，0.3%~1%溶液喷洒用于禽舍、笼具、运动场、运输车辆、排泄物的消毒。忌与碱性物质和其他消毒药合用。

11. 劲能 劲能又名DF100，1:1 500用于环境、器具喷洒消毒或浸泡种蛋、器械；防饲料霉变可按每吨饲料添加25克，防鱼粉霉变可按每吨鱼粉添加60克，拌匀，有效期6~8个月。

12. 百毒杀 百毒杀又名双链季铵盐消毒剂，1:10 000~20 000稀释用于饮水、带禽舍、用具等的消毒，紧急消毒时按说明加大倍数。

13. 威力碘 威力碘又名络合碘溶液，1:60~200稀释后带禽喷雾消毒；1:200~400稀释供饮水消毒；1:200供种蛋浸泡消毒10分钟；孵化器等器具可按1:100稀释后浸泡或洗涤消毒。

14. 优氯净 优氯净又名二氯异氰尿酸钠，0.5%~10%溶液喷洒、浸泡、擦拭等消毒用具（15~30分钟）；5%~10%消毒地面（1~3小时）。

（二）环境、物品消毒

消毒就是用化学和物理的方法杀灭鹅舍、运动场、用具、饲槽、饮水、排泄物和分泌物等中的病原微生物。它是预防疫病发生、阻止疫病继续蔓延的主要手段，是一项极其重要的防疫措施。消毒的方法可分为三种：物理消毒法、化学消毒法和生物消毒法。

1. 物理消毒法

（1）煮沸法。适用于金属器具、玻璃器具等的消毒，大多数病原微生物在 100℃ 的沸水中，几分钟内就杀死。

（2）蒸汽法。适用于布类、木质器具等的消毒，可用蒸笼蒸煮，如用高压蒸汽蒸煮，效果更好，可杀死细菌芽孢。

（3）紫外线法。许多微生物对紫外线敏感，可将物品放在直射阳光中，也可放在紫外灯下进行消毒。

（4）焚烧法。可用火焰喷射法对金属器具、水泥地面、砖墙进行消毒。对动物尸体也可浇上柴油等点火焚烧。

（5）机械法。即清扫、冲洗、通风等，不能杀死微生物，但能降低物体表面微生物的数量。

2. 化学消毒法

（1）喷雾消毒。将化学消毒剂配成一定浓度的溶液，用喷雾器对需要消毒的地方进行喷洒消毒。大部分化学消毒剂都可采用此法。消毒剂使用浓度可参考产品说明书。

（2）浸泡消毒。将需消毒的物品、器具浸泡在一定浓度的化学消毒剂溶液中进行消毒。

（3）熏蒸消毒。常用的是福尔马林溶液配合高锰酸钾进行熏蒸消毒。适用于密闭空间的消毒，环境温度越高（不低于 24℃）、湿度越大（不小于 60%），消毒的效果越好。药物使用剂量是每立方米空间用 40 毫升福尔马林，20 克高锰酸钾。使用时将福尔马林溶液倒入已加入高锰酸钾的容器中，用木棒搅拌，人员应立即撤离。经 12～24 小时后方可将门、窗打开通风。对种蛋或带雏消毒时浓度应减低，时间应缩短。

（三）杀虫和灭鼠

1. 杀虫　鹅场易滋生或招引蝇蚊及牛虻等，这些昆虫是传播疾病的媒介，并骚扰鹅群，不利于生产，还可污染环境。防止昆虫滋生，首先要填平场内的沟坑、洼地，防止积水，排污管道采用暗沟，粪池加盖，确保场内清洁与干燥。同时，还要及时清粪，防止昆虫在粪便中繁殖、滋生。另外，使用电灭蝇灯或定期喷洒化学杀虫剂，杀灭蝇蛆。

2. 灭鼠　鼠类在鹅场内可窃食饲料，咬坏器物，有时甚至破坏电路，影响生产的正常进行。鼠还是许多疾病的传播者，危害甚大。灭鼠可以用药物毒杀、器械捕捉，还可使用持续而无规律的高频振荡器捕捉。

准备篇

四、饲料准备

鹅为了维持正常的生长、繁殖和生产需要，要从饲料中获得其自身所必需的各种营养成分。养鹅不仅要合理利用各种饲料原料配制出经济有效的饲料，最大限度地发挥鹅的生产潜力，更重要的是保证饲料以及鹅产品的安全性，力求生产出绿色安全的新型饲料及鹅产品。

（一）饲养者应具备的营养与饲料知识

1. 能量饲料

（1）谷实类饲料

①玉米。玉米是重要的能量饲料之一，含代谢能高，每千克13.56兆焦，粗纤维少，适口性好，是配合饲料的主要原料之一。玉米中含蛋白质少，一般仅7.8%～8.7%，而且蛋白质的质量较差，色氨酸和赖氨酸不足，钙、磷等矿物质的含量也低于其他谷实类饲料。玉米含有丰富的淀粉，粗脂肪亦较高。玉米一般在鹅的日粮中占40%～70%，黄玉米含胡萝卜素较多，还含有叶黄素，对保持蛋黄、皮肤和脚部的黄色具有重要作用，可满足消费者的爱好。

②小麦。小麦营养价值高，适口性好，易消化，含能量较高，粗蛋白质含量10%～12%，为禾谷籽实之首，B族维生素

含量丰富。缺点是黏性大，粉料中用量过大则黏嘴，降低适口性，维生素 A、维生素 D 缺乏。小麦的使用应根据其市场价格而定，由于价格问题一般不做饲料使用，如在肉鹅的配合饲料中使用小麦，一般用量在 10%～30%。

③大麦。大麦的适口性好，在鹅的日粮中用得较普遍。粗蛋白质含量 11%～13%，B 族维生素品质优于其他谷物。大麦皮壳粗硬，难以消化吸收，应破碎或发芽后饲喂。饲喂效果次于玉米和小麦，通常占鹅日粮 10%～25%。

④稻谷。稻谷的适口性好，为鹅常用饲料，但代谢能低，每千克 11 兆焦，粗蛋白含量 8.3%，粗纤维含量高（约 8.5%）。稻谷含优质淀粉，适口性好，易消化，但缺乏维生素 A 和维生素 D，饲养效果不及玉米。在水稻产区稻谷是常用的养肉鹅饲料，可占 10%～50%。

⑤高粱。蛋白质含量与玉米相当，但品质较差，其他成分与玉米相近。高粱含单宁较多，味苦、适口性差，而且还能降低蛋白质、矿物质的利用率。在鹅的日粮中应限制使用，不宜超过 15%。

⑥燕麦。粗蛋白质 9%～11%，含赖氨酸较多，但粗纤维含量高，达到 10%，不宜在雏鹅和种鹅中过多使用。

⑦糙米。粗蛋白质含量 6.8%，适口性好，取材容易，易消化吸收，常用作开食料。

⑧碎米。碎米是碾米厂筛出来的细碎米粒，淀粉含量高，纤维素含量低，粗蛋白质含量约 8.8%，易于消化，价格低廉，是农村养肉鹅的常用饲料，是常用的开食料，在日粮中可占 30%～50%。但应注意，用碎米作为主要能量饲料时，要相应补充胡萝卜素。

（2）糠麸类饲料

①米糠。米糠是稻谷加工的副产品，是糙米加工成精米时分离出来的种皮、糊粉层和胚及部分胚乳的混合物。粗蛋白质含量

在12%左右，粗脂肪含量高达16.5%，不饱和脂肪酸含量较高，极易氧化、酸败变质，不宜久存，尤其在高温高湿的夏季，极易变质，应慎用。

②小麦麸。小麦麸又称麸皮，为小麦加工的副产品，是小麦制面粉时分离出来的种皮、糊粉层和少量的胚与胚乳的混合物。粗蛋白质含量较高，为15.7%，粗纤维含量8.9%，质地疏松，体积大，具有轻泻作用；钙少磷多，在鹅日粮中的用量为5%～20%。

③次粉。又称四号粉，是面粉加工时的副产品，营养价值高，适口性好。粗蛋白质含量13.6%～15.4%。和小麦相同，多喂时也会产生黏嘴现象，用量在10%～20%。

（3）油脂类。油脂是油和脂的总称，在室温下呈液态的称为"油"，呈固态的称为"脂"。油脂是高热能来源，具有额外热能效应；是必需脂肪酸的重要来源之一；能促进色素和脂溶性维生素的吸收；油脂的热增耗低，可减轻鹅热应激。饲料中添加油脂，除本身自有的特性外，还可以改善饲料适口性，提高采食量，同时可防止产生尘埃，提高颗粒饲料的生产效率。

2. 蛋白质饲料

（1）植物性蛋白质饲料

①豆粕（饼）。大豆采用浸提法提油后的加工副产品称为豆粕，豆饼是压榨提油后的副产品，粗蛋白质含量42%～46%；生豆饼含胰蛋白酶抑制因子等多种有害物质。所以，在使用时一定要饲喂熟豆饼。

②菜籽粕（饼）。是菜籽榨油后的副产品，粗蛋白质含量37%左右，营养价值不如豆粕。由于其含有硫代葡萄糖苷，在芥子酶的作用下，可分解为异硫氰酸盐和噁唑烷硫酮等有害物质，严重影响菜籽粕的适口性，导致甲状腺肿大，激素分泌减少，使动物生长速度和繁殖力降低。还有辛辣味，适口性不好，所以饲喂时最好经过浸泡、加热，或采用专门的解毒剂进行脱毒处理。

用量应控制在 5%～8%。

③花生仁（饼）粕。是花生榨油后的副产品。花生饼含脂肪高，在温暖而潮湿的地方容易腐败变质污染剧毒的黄曲霉毒素，因此不宜久存，用量 5%～10%。

④棉仁饼（粕）。是棉籽脱壳榨油后的副产品，粗蛋白质含量一般在 33%～40%，最高的 50%。因含有棉酚毒素，不宜过多饲喂，日粮中不超过 8%。

⑤植物蛋白粉。是制粉、酒精等工业加工业采用谷实、豆类、薯类提取淀粉，所得到的蛋白质含量很高的副产品。可作饲料的有玉米蛋白粉、粉浆蛋白粉等。粗蛋白质含量因加工工艺不同而差异很大，含量范围为 25%～60%。

⑥啤酒糟。是酿造工业的副产品，粗蛋白含量达 26% 以上，啤酒糟含有一定量的酒精，饲喂要注意给量，喂量要适度，有人称啤酒糟是"火性饲料"。

⑦玉米胚芽（粕）饼。玉米胚芽饼是玉米胚芽湿磨浸提玉米油后的产物。粗蛋白质含量 20.8%，适口性好、价格低廉，是一种较好的饲料。

（2）动物性蛋白质饲料

①鱼粉。蛋白质含量达 50% 以上，是鹅的优质蛋白质饲料，一般用量在 2%～8%，使用时注意：一是用量不要太大，二是注意掺假现象，三是注意食盐含量，四是注意霉变问题，五是注意腐败现象。

②肉粉与肉骨粉。是屠宰场的加工副产品。经高温、高压、消毒、脱脂的肉骨粉含有 50% 以上的优质蛋白质，且富含钙、磷等矿物质及多种维生素，是肉鹅很好的蛋白质和矿物质饲料，用量可占 5%～10%。

③血粉。是屠宰场的另一种下脚料。蛋白质含量 80%～82%，但血粉加工所需的高温易使蛋白质的消化率降低。血粉有特殊的臭味，适口性差，用量不宜过多，一般 2%～5%。

④羽毛粉。各种禽类羽毛，经高压蒸汽水解，晒干、粉碎即为羽毛粉。含粗蛋白质80%以上，但蛋氨酸、赖氨酸、组氨酸、色氨酸等偏少，使用时要注意氨基酸平衡问题，应该与其他动物性饲料配合使用。在雏鹅羽毛生长过程中可搭配2%左右的羽毛粉，以促进羽毛生长，预防和减少啄癖的发生。

⑤蚕蛹粉和酵母粉。蚕蛹粉含粗蛋白质很多，在60%以上，质量好。但易受潮变质，影响饲料风味，用量4%～5%。饲用酵母因其蛋白质含量接近动物性饲料，所以常将其列入动物性蛋白质饲料。风干的酵母粉含水分5%～7%，粗蛋白质51%～55%，粗脂肪1.7%～2.7%，无氮浸出物26%～34%，灰分（主要是钙、钾、镁、钠、硫等）8.2%～9.2%，含有大量的B族维生素和维生素A_1、维生素D及酶类、激素等。它不仅营养价值高，还是一种保护性饲料，在育雏期适当搭配一些饲用酵母有利于促进雏鹅的生长发育。

3. 矿物质饲料 矿物质饲料是补充动物矿物质需要的饲料，是鹅生长发育、机体新陈代谢所必需的。

（1）常量元素矿物质饲料。

①钙源饲料。

a. 石粉。由天然石灰石粉碎而成，主要成分为碳酸钙，钙含量35%～38%，用量控制在2%～7%。最好与骨粉1：1的比例配合使用。

b. 贝壳粉。贝壳粉为各种贝类外壳经加工粉碎而成的粉状或粒状产品。含有94%的碳酸钙（约38%的钙），鹅对贝壳粉的吸收率尚可，特别是下午喂颗粒状贝壳粉，有助于形成良好的蛋壳。用量可占日粮的2%～7%。

c. 蛋壳粉。是禽蛋加工厂的副产品。

d. 石膏。有预防啄羽、啄肛的作用，用量1%～2%。

②磷源饲料。

a. 骨粉。以家畜的骨骼为原料，经蒸汽高压蒸煮、脱脂、脱胶后干燥、粉碎过筛制成，一般为黄褐色或灰褐色。主要成分为磷酸钙，含钙量约 26%，磷约为 13%，钙磷比为 2:1，是钙磷较为平衡的矿物质饲料。用量可占日粮的 1%～2%。

b. 磷酸钙盐。由磷矿石制成或由化工厂生产的产品。常用的有磷酸二钙（磷酸氢钙），还有磷酸一钙（磷酸二氢钙），它们的溶解性要高于磷酸三钙，动物对其中的钙、磷的吸收利用率也较高。日粮中磷酸一钙或磷酸二钙可占 1%～2%。

③其他饲料。

a. 食盐。食盐是鹅必需的矿物质饲料，能同时补充钠和氯，化学成分为氯化钠，其中含钠 39%，氯 61%，也有少量钙、磷、硫等。食盐可起到促进食欲、保持细胞正常渗透压、维持健康的作用。日粮中一般用量为 0.3%～0.5%。

b. 沙砾。沙砾本身没有营养作用，补给沙砾有助于鹅的肌胃磨碎饲料，提高饲料消化率。饲料中可以添加沙砾 0.5%～1%。粒度以绿豆大小为宜。

（2）微量元素矿物质饲料。

①含铁饲料。最常用的是硫酸亚铁、氯化铁和氯化亚铁等。

②含铜饲料。常用的是硫酸铜，此外还有碳酸铜、氯化铜和氧化铜等。

③含锰饲料。常用硫酸锰、碳酸锰、氧化锰和氯化锰等。

④含锌饲料。常用的有硫酸锌、氧化锌、碳酸锌、葡萄糖酸锌和蛋氨酸锌等。

⑤含钴饲料。常用的有硫酸钴、碳酸钴和氧化钴。

⑥含碘饲料。比较安全、常用的含碘化合物有碘化钾、碘化钠、碘酸钠、碘酸钾和碘酸钙。

⑦含硒饲料。常用的有硒酸钠、亚硒酸钠。因为有毒，需要严格控制用量，一般在 0.1 毫克/千克。

4. 青绿多汁饲料 青绿饲料营养成分全面，蛋白质含量较好，富含各种维生素，钙和磷的含量亦较高，适口性好，消化率较高，来源广，成本低。青绿多汁饲料包括青绿饲料和多汁饲料两大类。鹅常饲用的青绿饲料有各种蔬菜、人工栽培的牧草和野生无毒的青草、水草、野菜和树叶等。不同种类和不同生长期的青绿饲料的营养成分有较大变化。鲜嫩的青绿饲料含木质素少，含水量高，利于消化，适口性好，种类多，来源广，含有较多的胡萝卜素与某些 B 族维生素，干物质中粗蛋白质含量较丰富，粗纤维较少，具有较高的消化率，有利于鹅的生长发育。随着青绿饲料的生长，水分含量减少，粗纤维增加，适口性较差，故应尽量以幼嫩的青绿饲料喂鹅。多汁饲料如块根、块茎和瓜类等，尽管它们富含淀粉等高能量物质，但因在一般情况下水分含量很高，单位重量鲜饲料所能提供的能值较低。在养鹅生产中，通常的精料与青绿饲料的重量比例是雏鹅 1∶1，青年鹅 1∶1.5，成年鹅 1∶2。

5. 饲料添加剂

（1）营养性添加剂。主要用于平衡鹅的日粮养分，以增强和补充日粮的营养为目的的微量添加成分。主要有氨基酸添加剂、维生素添加剂和微量元素添加剂等。

（2）非营养性添加剂。非营养性添加剂不是鹅必需的营养物质，但添加到饲料中可以产生各种良好的效果。有的可以预防疾病、促进生长、促进食欲，有的提高产品质量或延长饲料的保质期限等。根据其功效可分为三大类，即抗病促进生长剂、饲料保存剂和其他饲料添加剂（如调味剂、着色剂等）。

（3）绿色饲料添加剂。

①益生素。又称益生菌或微生态制剂等，是指由许多有益微生物及其代谢产物构成的，可以直接饲喂动物的活菌制剂。目前已经确认的益生素菌种主要有乳酸杆菌、链球菌、芽孢杆菌、双歧杆菌以及酵母菌等。

②酶制剂。酶是活细胞所产生的一类具有特殊催化能力的蛋白质，是促进生化反应的高效物质。

另外，发展中草药添加剂是当前畜牧业的一个趋势。由于中草药添加剂一般无毒副作用，也不会引起药物残留，很多厂家都在研发中草药添加剂。在养鹅业中，可根据具体情况和条件，在鹅的饲料中添加中草药添加剂，以发展有机养鹅业。

（二）外购饲料的要求

（1）饲料原料的质量管理。

①严格按规定挑选原料产地、稳定原料购买。饲料原料采购人员，除要了解国内外饲料原料的价格外，还应了解各种原料的产地环境质量情况，一旦将原料产地确定后，除非遇到价格的过大波动，否则应长期稳定购买原料，以充分保证原料的清洁卫生。

②实行原料质检一票否决制。为了及时检测原料质量，鹅场应建立化验室，除常规分析仪器外，更重要的是要配置显微检测仪器和有毒成分检测仪器。在初步确定原料产地后，购前应首先抽检产地的原料质量，尤其是对有毒有害物质进行检查，然后按照质检情况来确定是否在该地购买此批原料。在确定原料购买后，应以质定价，签订质量指标合同。在原料进库前，应对原料进行认真的质量指标检验，对不合格的原料，坚决实行质检一票否决制。

（2）原料检测方法及质量控制。

①样本采集。对于自检或送检的样本，应严格按照采样的要求，抽取平均样本。

②水分的控制。对自检或送检的样本，入库前水分含量应严格限定在不高于 13%。如果原料含水量达 14.5% 以上，不但存放中容易发热霉变，而且会使粉碎效率降低。例如，谷物类饲料原料的水分含量 14%，每增加 1% 水分，其粉碎率可降低 6%。

③杂质程度的控制。饲料原料中杂质最多不超过 2%，其中矿物质不能超过 1%。

④霉变程度的控制。饲料原料中可滋生的霉菌有 80 种以上，其中以黄曲霉的危害最为严重。饲料中黄曲霉素的允许量，多数国家规定为 50 微克/千克。一般认为，在饲料中含量达 30～50 微克/千克时，畜禽会发生中毒。因此，对贮存时间长久，已有轻微异味或结块的原料，应按要求采样，经有关部门检测后，酌情处理。

⑤注意其他有害成分。例如，棉籽饼中的游离棉酚含量，菜籽饼中的硫葡萄糖苷及其分解产物——异硫氰酸盐和噁唑烷硫酮的含量，大豆饼中的脲酶活性，矿物质饲料或工业下脚料中汞（<0.1 毫克/千克）、铅（<15 毫克/千克）、砷（<2 毫克/千克）、氟（<200 毫克/千克）的含量，必须严格控制。另外，注意鱼粉掺假掺杂，要进行显微检测。

（三）自行配制饲料的要求

1. 鹅的饲养标准　饲养标准是根据鹅的不同品种、性别、年龄、体重、生产目的与水平，以及养鹅实践中积累的经验，结合能量与物质代谢试验和饲养试验的结果，科学规定一只鹅每天应该给予的能量和各种营养物质数量。饲养标准的种类很多，大概可分为两类。一类是国家规定和颁布的饲养标准，如美国饲养标准（表 1-1）、苏联的饲养标准、法国的饲养标准，我国鹅的饲养标准尚缺乏。另一类是大型育种公司或高等农业院校及研究所，根据各自培育的优良品种或配套系的特点，制定符合该品种或配套系营养需要的饲养标准，或作为推荐营养需要量（参考），称为专用标准。

表 1-1　美国 NRC 鹅的饲养标准

营养成分	0～4 周	4 周至产蛋前	产蛋期
代谢能（兆焦/千克）	12.13	12.55	12.15
粗蛋白质（%）	20	15	15

营养成分	0～4 周	4 周至产蛋前	产蛋期
赖氨酸（％）	1.0	0.85	0.60
蛋氨酸＋胱氨酸（％）	0.60	0.50	0.50
色氨酸（％）	0.17	0.11	0.11
苏氨酸（％）	0.56	0.37	0.40
精氨酸（％）	1.00	0.67	0.80
甘氨酸＋丝氨酸（％）	0.7	0.47	0.50
组氨酸（％）	0.26	0.17	0.22
异亮氨酸（％）	0.6	0.4	0.50
亮氨酸（％）	1.6	0.67	1.20
苯丙氨酸（％）	0.54	0.36	0.4
缬氨酸（％）	0.62	0.41	0.50
维生素 A（国际单位）	1 500	1 500	4 000
维生素 D（国际单位）	200	200	200
维生素 E（国际单位）	10	5	10
维生素 K（毫克/千克）	0.5	0.5	0.5
维生素 B_1（毫克/千克）	1.8	1.3	0.8
维生素 B_2（毫克/千克）	3.8	2.5	4.0
泛酸（毫克/千克）	15	10	10
烟酸（毫克/千克）	65	35	20
维生素 B_6（毫克/千克）	3	3	4.5
生物素（毫克/千克）	0.15	0.1	0.15
胆碱（毫克/千克）	1 500	1 000	500
叶酸（毫克/千克）	0.55	0.25	0.35
维生素 B_{12}（毫克/千克）	0.009	0.003	0.003
钙（％）	0.65	0.6	2.25
有效磷（％）	0.3	0.3	0.3
铁（毫克/千克）	80	40	80
镁（毫克/千克）	600	400	500
锰（毫克/千克）	55	25	33
硒（毫克/千克）	0.1	0.1	0.1
锌（％）	40	35	65
铜（毫克/千克）	4	3	4
碘（毫克/千克）	0.35	0.35	0.3
亚油酸（％）	1.0	0.8	1.0

准 备 篇

2. 鹅的日粮配合

（1）日粮配合的要求。

①把好饲料的原料关。饲料原料是生产鹅安全饲料的关键，所用原料必须来自环境空气质量、灌溉水、土壤条件均符合要求的产地，饲料原料中有毒有害物质的最高限量应符合《饲料卫生标准》（GB 13078—2001）的要求，原料质量应符合有关饲料原料标准的要求。原料水分含量一般不应超过13.5%。

②合理使用饲料添加剂。所选饲料添加剂必须是《允许使用的饲料添加剂品种目录》中所列的饲料添加剂和允许进口的饲料添加剂品种，严禁使用国家已明令禁止的添加剂品种（如激素、镇静剂等），所用药物添加剂除了应符合《饲料药物添加剂使用规范》（2001年农业部168号公告）和农业部2002年220号部长令的有关规定外，还应符合《无公害食品　畜禽饲料和饲料添加剂使用准则》（NY 5032—2006）的规定。

③符合鹅的营养需要。设计饲料配方时，必须根据鹅的经济用途和生理阶段选用适当的饲养标准，并在此基础上，根据饲养实践中鹅的生长或生产性能等情况作适当的调整。至于所用原料中养分含量的确定，应遵循以下原则：对一些易于测定的指标，如粗蛋白质、水分、钙、磷、盐、粗纤维等最好进行实测。对一些难于测定的指标，如能量、氨基酸、有效氨基酸等，可参考国内的最新数据库，但必须注意样品的描述，只有样本描述相同或相近，且易于测定的指标与实测值相近时才能加以引用。对于维生素和微量元素等指标，由于饲料种类、生长阶段、利用部位、土壤及气候等因素影响较大，主原料中的含量可不予考虑，而作为安全阈量。

④符合经济原则。鹅生产中饲料成本通常占生产总成本的60%～70%，因此在设计饲料配方时，必须注意经济原则，使配方既能满足鹅的营养需要，又尽可能地降低成本，防止片面追求高质量。这就要求在设计饲料配方时，所用原料要尽量选择当

地产量较大、价格又较低廉的饲料，少用或不用价格昂贵的饲料。

⑤符合鹅的消化生理特点。设计饲料配方时，必须根据饲料的营养价值、鹅的经济类型、消化生理特点、饲料原料的适口性及体积等因素，合理确定各种饲料的用量和配合比例。如鹅是食草家禽，喜欢采食青绿饲料，所以最好以青饲料与精料混合搭配饲喂；对于干草和秸秆类饲料，质地粗硬、适口性差、消化率低，必须限制饲喂。

（2）配方示例。为了便于读者参考，我们从有关资料中查阅并列举了部分鹅的饲料配方示例，见表1-2。

表1-2 鹅的日粮配方示例

饲　　料	雏鹅 0～4周龄	生长鹅 4～8周龄	生长鹅 8周龄至上市	育成鹅 5～28周龄	种鹅 29周龄至淘汰
玉米（%）	39.96	37.96	43.46	60.00	38.79
高粱（%）	15.00	25.00	25.00	—	25.00
大豆粕（%）	29.50	24.00	16.50	9.00	11.00
鱼粉（%）	2.50	—	—	—	3.10
肉骨粉（%）	3.00	—	1.00	—	—
糖蜜（%）	3.00	2.00	3.00	3.00	3.00
麸皮（%）	5.00	5.00	5.40	20.00	10.00
米糠	—	—	—	4.58	—
玉米麸	—	2.50	2.50		2.40
油脂	0.30	—	—		
食盐	0.30	0.30	0.30	0.30	0.30
磷酸氢钙	0.10	1.50	1.40	1.50	1.00
石灰石粉	0.74	1.20	0.90	1.10	4.90
赖氨酸					
蛋氨酸	0.10	0.04	0.04	0.02	0.01
预混料	0.50	0.50	0.50	0.50	0.50

饲　　料	雏鹅	生长鹅		育成鹅	种鹅
	0～4周龄	4～8周龄	8周龄至上市	5～28周龄	29周龄至淘汰
粗蛋白质（%）	21.8	18.5	16.2	12.9	15.5
代谢能（兆焦/千克）	11.63	12.01	12.31	11.08	11.61
钙（%）	0.82	0.89	0.85	0.85	2.24
有效磷（%）	0.36	0.40	0.72	0.43	0.37
赖氨酸（%）	1.23	0.91	0.73	0.53	0.70
蛋氨酸＋胱氨酸（%）	0.78	0.66	0.59	0.44	0.55

（四）饲料储存的要求

鹅场应该有专门的饲料仓库，可根据饲料的用量来决定仓库的大小，如果是采用外购饲料的方法来获得饲料，只要仓库大小适用，能够储存每次购买的饲料即可，留取一定的空间便于通风，防止饲料霉变，还应防止日晒使饲料中营养成分丢失。如果是采用自行配制饲料，就需要较大的空间，在饲料的加工过程中也需要空间。在饲料的储存过程中要防止鼠类在鹅场内窃食饲料。

准备篇

五、准备生产记录

生产记录就是将鹅场生产经营活动中的人、物、事等记录备案。从目前情况来看，我国国有鹅场和大型养殖场的各种记录一般都比较健全，而小型鹅场和养鹅专业户的记录不全或者不重视记录，特别是有些养殖户没有记录簿，而全凭自己大脑记忆。一些鹅场管理者不重视记录，其中一个很重要原因就是没有认识到鹅场记录的重要性。

（一）育雏记录

1. 成活率 初生鹅进入育雏期时需要记录饲养员姓名，鹅品种名，公、母鹅各自的数量，在饲养过程中需要记录每天死亡数和淘汰数（表1-3）。

表1-3 育雏记录表

日期	日龄	存栏数			死淘数		喂料量	温度	天气	光照	备注（用药、防疫、采血等）	饲养员签名
		公	母	合计	公	母						

准
备
篇

育雏成活率＝育雏期末成活雏鹅数/入舍雏鹅数×100%

2. 体重数据 育雏期称重包括出生至育雏期结束过程中每周体重，每次称重数量至少 60 只（公、母各半），称重前须断料 8 小时以上，以便于了解育雏过程中雏鹅是否生长正常。并将这些数据记录到专用记录本上。也有些鹅场仅称初生重和育雏期末体重（表 1-4）。

育雏期增重＝育雏期末体重－初生重

育雏期相对生长速度＝（育雏期末体重－初生重）/育雏期末体重×100%

3. 耗料数据 每次用料时要进行称重记录，在周末断料称重时也要对料盘中剩余的料进行称重记录，用周加料量减去剩余的料量就可知该周一共用了多少料。

表 1-4　育雏期体重记录表

编号	初生重	第一周	第二周	第三周	第四周

（二）育成记录

1. 成活率 在育雏期结束后进入育成期时，同样要记录每周的死亡数，对于一些残疾或其他原因引起的不能正常生长或者失去商品价值的鹅要及时进行淘汰以降低损失，并记录在案。

育成鹅成活率＝育成期末成活的育成鹅数/育雏期末入舍雏鹅数×100%

2. 体重数据 育成期同样要称量每周体重，每次称重数量至少 60 只（公、母各半），称重前须断料 8 小时以上，以便于了解育成过程中雏鹅是否生长正常。将这些数据记录到专用记录本上。也有些鹅场仅称育成期末体重和育雏期末体重。育成期体重记录同育雏期。

育成期增重＝育成期末体重－育雏期末体重

育成期相对生长速度＝（育成期末体重－育雏期末体重）/育成期末体重×100％

3. 耗料数据 耗料数据的采集方式同育雏期。

4. 体尺数据 鹅在育成期间还需要采集鹅体尺方面的数据，体尺测量时除胸角用胸角器测量外，其余均用卡尺或皮尺测量，单位以厘米计，测量值取小数点后一位。

（1）体斜长。体表测量肩关节至坐骨结节间距离。

（2）龙骨长。体表龙骨突前端到龙骨末端的距离。

（3）胸角。用胸角器在龙骨前缘测量两侧胸部角度。

（4）胸深。用卡尺在体表测量第一胸椎到龙骨前缘的距离。

（5）胸宽。两锁骨关节间的距离。

（6）胸围。在翅膀下绕胸、背一周的距离。

（7）胫长。从胫部上关节到第三、四趾间的直线距离。

（8）胫围。胫部中部的周长。

（9）髋骨宽。两腰角间宽。

（10）半潜水长。从嘴尖到髋骨连线中点的距离。

表1-5　育成记录表

日期	日龄	存栏数			死淘数		喂料量	温度	天气	光照	备注（用药、防疫、采血等）	饲养员签名
		公	母	合计	公	母						

表 1-6 体尺记录表

序号	脚号	性别	体重	体斜长	胸深	胸宽	胸骨长	胫长	胫围	半潜水长

（三）产蛋记录

1. 开产日龄 个体记录以产第一个蛋的平均日龄计算。群体记录中，鹅按日产蛋率 5% 的日龄计算。

2. 产蛋量

（1）按入舍母鹅数统计。

入舍母鹅产蛋量（个）＝统计期内的总产蛋量/入舍母鹅数

（2）按母鹅饲养日数统计。

母鹅饲养日产蛋量（个）＝统计期内的总产蛋量/统计期内平均饲养母鹅数

如果需要测定个体产蛋记录，则在晚间，逐个捉住母鹅，用中指伸入泄殖腔内，向下探查有无硬壳蛋进入子宫部或阴道部，这就是所谓的"探蛋"。将有蛋的母鹅放入自闭产蛋箱内，待次日产蛋后放出。如果是测量少量的母鹅，而自闭产蛋箱比较多的情况下，可以让产蛋鹅自己进入产蛋箱，等到次日收蛋时再放出，但是有时有些鹅不产蛋也会进入产蛋箱而无法出来，导致一些数据不是很准确。

3. 产蛋率 产蛋率即母鹅在统计期内的产蛋百分比。

（1）按入舍母鹅计算。

入舍母鹅产蛋率＝统计期内的总产蛋量/（入舍母鹅数×统计日数）×100%

（2）按饲养日计算。

饲养日产蛋率＝统计期内的总产蛋量/实际饲养日母鹅只数的累加数×100%

统计期内总产蛋量指周、月、年或规定期内统计的产蛋量。

4. 蛋重

总蛋重（千克）＝平均蛋重（克/个）×平均产蛋量（个）/1000

平均蛋重：从 300 日龄开始计算（以克为单位），个体记录者须连续称取 3 个以上的蛋，求平均值，群体记录时，则连续称取 3 天总产量平均值。大型鹅场按日产蛋量的 5%称测蛋重，求平均值。

5. 母鹅存活率

母鹅存活率＝（入舍母鹅数－死亡数－淘汰数）/入舍母鹅数×100%

6. 产蛋期料蛋比

产蛋期料蛋比＝产蛋期耗料量（千克）/总蛋重（千克）

7. 种鹅生产每个种蛋耗料量（包括种公鹅）

种鹅生产每个种蛋耗料量（克）＝初生到产蛋末期消耗饲料总量（克）/总合格种蛋数

表 1-7　产蛋记录表

日期	日龄	存栏数			死淘数		喂料量	产蛋情况			温度	天气	光照	备注（用药、防疫、采血等）	饲养员签名
		公	母	合计	公	母		产蛋总数	合格蛋	淘汰蛋					

（四）孵化记录

孵化过程中应做好孵化记录，一般需要记录入孵蛋数、无精蛋数、照检情况、出雏情况（健雏数、弱雏数、死雏数）等，以便于了解孵化是否正常，及时对一些不合理的地方进行调整，以达到最高、最好的出雏情况，提高利润率。

（1）种蛋合格率。指种母鹅在规定的产蛋期内所产符合本品种、品系要求的种蛋数占产蛋总数的百分比。

$$种蛋合格率=合格种蛋数/产蛋总数×100\%$$

（2）受精率。受精蛋占入孵蛋的百分比。血圈、血线蛋按受精蛋计算，散黄蛋按无精蛋计算。

$$受精率=受精蛋数/入孵蛋数×100\%$$

（3）孵化率（出雏率）。

①受精蛋孵化率。出雏数占受精蛋数的百分比。

$$受精蛋孵化率=出雏数/受精蛋数×100\%$$

②入孵蛋孵化率。出雏数占入孵蛋数的百分比。

$$入孵蛋孵化率=出雏数/入孵蛋数×100\%$$

种母鹅提供健雏数：每只种母鹅在规定产蛋期内提供的健康雏鹅数。

表1-8　孵化记录表

日期	品种	种蛋数	受精蛋	受精率	一照退出		出雏数		出雏率	备注	孵化人员签字
					圆黄	散黄	正品	次品			

（五）饲料进出库记录

对饲料进出库要加强管理，每次饲料入库时都要有仓库管理人员在场，记录饲料的入库时间、种类、数量、厂家；饲养员从仓库中领取饲料时也要登记时间、种类、数量、用途、所用大致时间、饲养员签字。这样有利于知道饲料的走向、及时订制饲料的数量及种类，保证生产的正常运行。

（六）用药记录

如何控制和消灭疾病的发生和流行，是现代养鹅生产必须重视的问题。实践证明，要从根本上消灭疾病对养鹅生产的影响，必须贯彻"预防为主"的原则，采取综合性的防治措施。而在预防过程中，记录是不可缺失的重要步骤。在疫苗免疫过程中，要记录日期、鹅舍、品种、日龄、疫苗名、用量等；出现病情时，要记录临床症状、解剖结果、实验室诊断结果等；在利用药物对鹅的疾病进行预防和治疗时要记录使用药物、给药方法、给药量等。

准

备

篇

六、防疫程序的制订

（一）建立经常性消毒制度

鹅场在出入口处应设紫外线消毒间和消毒池。鹅场的工作人员和饲养人员在进入饲养区前，必须在消毒间更换工作衣、鞋、帽，穿戴整齐后进行紫外线消毒 10 分钟，再经消毒池进入鹅场饲养区内。各鹅舍门前出入口也应设消毒槽，门内放置消毒缸（盆）。饲养员在饲喂前，先将洗干净的双手放在盛有消毒液的消毒缸（盆）内浸泡消毒几分钟。

1. 消毒制度

（1）规模鹅场应严格按照消毒规程进行场地消毒。

（2）生活区。办公室、食堂、宿舍及其周围环境每月彻底消毒一次。

（3）生产区正门消毒池。每周至少更换池水、池药 2 次，保持有效浓度。

（4）车辆。进入生产区的车辆必须彻底消毒，随车人员消毒方法同生产人员一样。

（5）更衣室、工作服。更衣室每周末消毒一次，工作服清洗时消毒。

（6）生产区环境。生产区道路及两侧 5 米内范围、鹅舍间空地每月至少消毒 2 次。

（7）各栋鹅舍门口消毒池与盆。每周更换消毒药至少 2 次，保持有效浓度。

（8）鹅舍、鹅群。每周至少消毒一次，育雏舍每周至少消毒 2 次。

（9）人员消毒。进入鹅舍人员必须脚踏消毒池，手洗消毒盆消毒。

（10）个人卫生。做到勤洗澡、勤理发、勤剪指甲、勤换衣换袜。

2. 消毒效果的测定　监测方法是，消毒前后同一物体，同一环境，同一地点（如地面、墙壁、空气、地网、房梁等）采样接种于普通培养基或特定培养基（测特殊病菌），置温箱内 37℃ 条件下培养 48 小时。然后计算培养基上生长的细菌数，计算出消毒细菌杀灭率。计算公式：杀灭率＝（消毒前菌落数－消毒后菌落数）/消毒前菌落数×100％。杀灭率在 90％ 以上为良好，85％～90％ 为消毒及格，85％ 以下为不及格，必须重新消毒。

3. 养鹅场的隔离制度　动物疫病传播有三个环节：传染源、传播途径、易感动物。在动物防疫工作中，只要切断其中一个环节，动物传染病就失去了传播的条件，就可以避免某些传染病在一定范围内发生，甚至可以扑灭疫情、最终消灭传染病。由于多种因素的影响在目前条件下无法彻底消灭传染源，同时受细菌的致病力，病毒毒力，动物的母源抗体，动物本身的营养，饲养环境，健康状况，免疫程序等因素的影响，往往导致疫苗免疫注射的抗体保护率很难达到 100％（一般只能达到 70％～80％）。因此，对规模养殖场来说，做好隔离工作，切断传播途径，在预防重大动物疫病方面就显得尤为重要。养殖场的隔离工作，要重点做好以下几个方面：

（1）自然环境隔离。场地周围要建隔离沟、隔离墙和绿化带。场门口建立消毒池和消毒室。场区的生产区和生活区要隔开。在远离生产区的地方建立隔离圈舍。鹅舍要防鼠、防虫、防兽、防鸟。养殖场要有完善的垃圾排泄系统和无害化处理设施等。

（2）要建立独立的隔离区。建立真正意义上的、各方面都独立运作的隔离区，重点对新进场鹅群、外出归场的人员、购买的各种原料、周转物品、交通工具等进行全面的消毒和隔离。

（3）与外界动物和病原微生物隔离。养殖场要贯彻"自繁自养、全进全出"的方针，避免将患病和带毒鹅遗留到下一批。引进种鹅要慎重，绝对不能从有疫情隐患的地方引进种鹅。新引进的鹅群要执行严格检疫和隔离操作，确属健康的才能混群饲养。禁止养殖场的从业人员接触未经高温加工的相关动物产品。

（4）人员隔离。外界有疫情发生的情况下，严禁生产人员外出；如必须外出的人员外出后，应待疫情全部扑灭后才可进场，或经过严格的隔离和消毒后才能进场。生产人员和非生产人员也要进行隔离。非生产人员原则上不能外出。严禁所有人员接触可能携带病原体的动物及产品加工、贩运等人员。

（5）饲料、用具和交通工具隔离。禁止饲喂不清洁、发霉或变质的饲料。不得使用未经无害化处理的泔水以及其他畜禽副产品。采购饲料原料要在非疫区进行，参与原料采购的运输工具和人员必须是近期没有接触相关动物及动物产品的，在原料进场后应在专用的隔离区进行消毒，并杜绝同外界业务人员的近距离接触。要杜绝使用经营商送上门的原料，杜绝运输相关动物及动物产品的交通工具接近场区。

（6）建立和遵守完善的隔离制度。要针对防疫工作建立完善的人员管理制度、消毒隔离制度、采购制度、中转物品隔离消毒制度等规章制度并认真实施，切断一切有可能感染外界病原微生物的环节。

（二）建立完善的防疫制度

1. 加强饲养管理，建立健康鹅群　良好的饲养管理是防疫的基础。从鹅场的选址、布局到饲料的供给、温度、光照等环境条件的调控，管理得好坏直接关系到鹅群的健康。要从无疫病区引种，加强检疫。全进全出、隔离饲养的方式有利于防疫。

2. 执行严格的卫生消毒制度　消毒能有效地消灭散播于环境、鹅体表面及工具上的病原体，是切断传染的重要途径。养鹅场应建立严格的消毒制度，这对环境的净化和疫病的防治有重要作用。

3. 建立科学的免疫接种程序　免疫接种是预防疾病的重要手段。要达到预期的免疫效果，疫苗的种类、疫苗的质量、免疫的时间、免疫的方法等都很关键。每个养殖场要根据当地鹅病流行情况及严重程度、母源抗体水平、疫苗的种类、接种方法等情况制订适合本场实际的免疫程序。

4. 进行合理的药物防治　药物防治是控制鹅病的主要措施之一，尤其对尚无有效疫苗或疫苗效果不理想的细菌病如鹅霍乱、大肠杆菌病和鹅球虫病等，采用药物预防和治疗往往可收到显著效果。

在育雏阶段，1周龄的雏鹅，若忽视通风，平时不注意消毒卫生，雏鹅就可能感染肺炎。10日龄后的中雏鹅直到青年鹅阶段，大肠杆菌、球虫病是危害最大的疾病。鹅球虫病最早在15日龄就能感染，70～80日龄也有发生，但后期感染没有威胁力。在产蛋期鹅寄生虫病、鹅霍乱是易发生的主要疾病。

从季节上来看，鹅的一些传染病也有其流行规律。春末夏初是鹅球虫病发病高峰期，夏秋季节易发小鹅瘟，秋冬季节易发禽霍乱。另外，鹅的一些应激因素影响也能引起一些传染病暴发。应激因素有转群、运输、噪声、变换饲料、气候反常、连续阴雨、高温高湿、温度不均、寒潮袭击、环境肮脏、药物中毒等。如转群常会引起鹅球虫病发生。鹅场氨气浓度过高，也可感染上呼吸道疾病。鹅缺乏营养、管理失调、环境恶劣时易发生鹅霍乱。

根据本场的发病情况和疫病的流行特点，制订一个投药程序，有计划地在一定日龄，或在气候转变时期对鹅群投药，可以做到预防在先，防止或减少发病。

5. 做好鹅群的检疫净化工作 鹅感染某些疾病后症状不明显，有时治愈后还长期带菌，不仅严重影响鹅自身的生产能力，而且威胁整个鹅群，因此要对这些病进行检疫。对检出的阳性种鹅要坚决淘汰，对检出的细菌阳性商品鹅要隔离饲养，进行药物治疗。这样每年有计划地进行几次检疫可逐渐净化鹅群。

6. 发生疫情时采取紧急措施

（1）隔离。当鹅场发生传染病或疑似传染病时，应立即隔离，指派专人饲养管理。在隔离的同时要尽快诊断，经诊断属于烈性传染病时要报告当地政府和兽医防疫部门，必要时采取封锁措施。

（2）消毒。隔离的同时立即严格消毒鹅场环境和所有器具，彻底清扫垫草和粪便。病死鹅要深埋或进行无害化处理，在最后一只病鹅治愈或处理2周后再进行一次全面的消毒才能解除隔离或封锁。

（3）紧急免疫接种。为了迅速控制疫病流行，要对疫区受威胁的鹅群进行紧急接种。可以用免疫血清，但目前主要是使用疫苗。实践证明，在疫区内使用疫苗对所有鹅只紧急接种，不但可以防止疫病向周围地区蔓延，而且对某些疾病（如鹅副黏病毒病）还可以减少发病鹅群的死亡。

（4）紧急药物治疗。对病鹅和疑似病鹅要进行治疗，对假定健康群要进行预防性治疗。治疗要在确诊的基础上尽早实施，控制疾病蔓延和防止继发感染。

第2篇

日程管理篇

YANG'E RICHENG GUANLI JI YINGJI JIQIAO

一、育雏前的准备工作（3天）

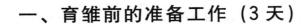

　　鹅场在进行雏鹅饲养前，须做好准备工作，其日程安排如下：

日程管理篇

育雏前准备	第 **1** 天	⏰ 时间记录	＿＿＿年＿＿＿月＿＿＿日
		※ 天气记录	室外温度＿＿＿＿＿℃ 湿　　度＿＿＿＿＿% 室内温度＿＿＿＿＿℃ 湿　　度＿＿＿＿＿%

日操作安排	7：00	筹措养殖资金
	10：00	查明雏鹅购买地点，确定购买数量
	11：00	计算好育雏舍的面积，准备好养殖设备
	13：00	完成水路、电路等辅助设施的畅通
	16：00	购置育雏易耗品（饲料、兽药等）

日程管理篇 温馨小贴士

特别提示	1. 须在进行养鹅前确定饲养数量、饲养方式及养殖建筑等，抓住饲养季节，不可盲目饲养。 2. 资金准备与市场风险应考虑充分
知识窗	◆ 如何依据养殖规模确定养殖场地？ 　　以一个养殖场饲养雏鹅 1000 只为例，采用网上育雏的方式，每平方米可饲养雏鹅 20～25 只，则需养殖面积 40～50 米^2；如采用地面平养的方式，每平方米可饲养雏鹅 15～18 只，则需养殖面积 56～67 米^2
备注	

第**2**天

⏱ 时间记录	____年___月___日
☀ 天气记录	室外温度_____℃ 湿　　度_____% 室内温度_____℃ 湿　　度_____%

日操作安排

6：00	养殖设备的安装
8：00	对照明、通风、保温及加温设备等进行检修
13：00	进行养殖场地、养殖建筑、养殖设备的消毒
15：00	准备好相关养殖记录簿
16：00	购置养殖日常用品（手电筒、温度计、靴子、白大褂等）

知识窗

◆ 如何对养殖场地与养殖设备消毒？

　　进雏前要对育雏舍彻底清扫和消毒：将养殖场地与养殖设备布置好后，打扫，冲洗干净，然后用高锰酸钾、福尔马林熏蒸消毒。此时，要求门窗密闭，经过 24 小时熏蒸后，打开门窗，彻底通风。如果是长时间使用的棚舍，在熏蒸前地面和墙壁先用 5‰ 来苏儿溶液喷洒一遍。育雏舍出入处应设有消毒池，进入育雏舍人员必须进行消毒，严防带入病原，使雏鹅遭受病害侵袭

备注

第 **3** 天

⏱ 时间记录	_____年____月____日
☀ 天气记录	室外温度_____℃ 湿　　度_____% 室内温度_____℃ 湿　　度_____%

日操作安排		
	6：00	联系雏鹅购买事宜
	8：00	打开门窗，做好雏鹅进场前的消毒准备工作
	9：00	育雏舍预温
	11：00	检查育雏舍温度情况，后每隔3小时检查一次
	14：00	巡视育雏舍温度情况
	17：00	巡视育雏舍温度情况
	20：00	巡视育雏舍温度情况
	23：00	巡视育雏舍温度情况

知识窗	◆ **如何对育雏舍加温？** 　　为了使雏鹅接入育雏舍后有一个良好的生活环境，在接雏前 1～2 天启用加热设备，使舍温达到 28～30℃。地面平养者在进雏前在育雏区铺上一层厚约 5 厘米的垫料，厚薄要均匀。不同的供温设备预热所需的时间有差别，应灵活掌握。预热期间注意检查供热设备是否存在问题
备注	

二、雏鹅日程管理（28 天）

雏鹅是指 4 周龄以内的苗鹅。刚出壳的雏鹅，绒毛稀薄，体温调节能力差，特别怕冷、怕湿、怕热、怕外界环境突然变化。雏鹅的培育是养鹅生产中非常重要的生产环节，一般将前 28 天以内的时间划为育雏期。雏鹅饲养管理得好坏，直接影响其生长发育和成活率，继而影响育成鹅的生长发育和种鹅的繁殖性能。因此，此期间饲养管理的重点是培育出生长发育快、体质健壮、成活率高的雏鹅，为发挥出鹅的最大生产潜力，提高养鹅生产的经济效益奠定基础。

育雏期	第1天	⏰ 时间记录	_____年_____月_____日
		☀ 天气记录	室外温度_____℃ 湿　　度_____% 室内温度_____℃ 湿　　度_____%

日操作安排	8：00	挑选苗鹅
	9：00	注射小鹅瘟疫苗
	10：00	给雏鹅开水（饮水中添加多维）
	11：00	给雏鹅开食（将开食料或者碎米撒在报纸上或者用料盘饲喂） 注意观察育雏室温度
	13：00	巡视观察鹅群（后每隔2小时巡视1次）
	15：00	检查育雏室温度，填写饲养记录，清理鹅粪
	17：00	喂料、饮水（饲料用料盘饲喂，不要加得太满）
	19：00	检查巡视鹅群
	21：00	检查育雏室温度 检查料盘，喂料
	24：00	检查温度，巡视鹅群（夜间也要起身查看）

特别提示	小鹅瘟高免血清皮下或肌内注射0.5毫升。
知识窗	◆ **雏鹅的选择** 　　挑选健雏应做到一看、二摸、三试。一看，即观察雏鹅外形和精神状态，选择个头大、绒毛粗长有光泽、眼睛有神、叫声响亮、活泼好动、脐部收缩完好，而无血斑水肿和脐带炎、无畸形的雏鹅。二摸，即用手抓鹅，感觉挣扎有力、有弹性、脊骨壮、腹部柔软和大小适中的雏鹅。三试，即手臂用力将雏筐中的雏鹅放倒，使雏鹅仰翻，选择能很快翻身站立的雏鹅
备注	

育雏期	第2天	⏰ 时间记录	_____年____月____日
		☀ 天气记录	室外温度_____℃ 湿　　度_____% 室内温度_____℃ 湿　　度_____%

日操作安排	5：00	喂料：根据雏鹅采食情况添加饲料 饮水：饮水中添加多维和抗生素
	8：00	清理舍内卫生 巡视观察鹅群，检查育雏室温度
	9：00	检查料盘，添加饲料
	11：00	清洗饮水器
	13：00	巡视观察鹅群
	15：00	检查育雏室温度，填写饲养记录，清理鹅粪
	17：00	喂料、饮水
	19：00	检查巡视鹅群
	21：00	检查育雏室温度 检查料盘，喂料
	24：00	检查温度、巡视鹅群（夜间也要起身查看）

特别提示	1. 培育雏鹅要采取"早饮水、早开食，先饮水，后开食"的方法，饮水要用温水。 2. 防止雏鹅打堆，每隔1～2小时驱赶1次。 3. 育雏温度不能忽高忽低，要逐步降温
知识窗	◆ 如何给雏鹅开水和开食？ 　　雏鹅出壳后啄食垫草或互相啄咬时，即可给予饮水。用饮水器或饮水槽提供饮水。如果雏鹅不会饮水时，可将雏鹅的喙按入饮水器中2～3次。为预防雏鹅腹泻，前3天饮用水中可添加氟喹诺酮类或抗生素等药物，另加5％的多维葡萄糖溶液（每天上、下午各饮1次）。 　　开食宜用配合颗粒饲料，并加入适量切细的鲜嫩青绿饲料，撒在饲料盘中或雏鹅的身上，引诱雏鹅啄食，开食后即转入正常的饲养。2～3天后便逐渐改喂全价配合饲料加青绿饲料。每次饲喂时要求少给勤添，一般白天喂6～8次，夜间加喂2～3次
备注	

育雏期 第**3**天	⏱ 时间记录	＿＿＿年＿＿＿月＿＿＿日
	☀ 天气记录	室外温度＿＿＿＿＿℃ 湿　　度＿＿＿＿＿％ 室内温度＿＿＿＿＿℃ 湿　　度＿＿＿＿＿％

日操作安排	5：00	喂料：根据雏鹅采食情况添加饲料 饮水：饮水中添加多维和抗生素
	8：00	清理舍内卫生 巡视观察鹅群，检查育雏室温度
	9：00	检查料盘，添加饲料
	11：00	清洗饮水器
	13：00	巡视观察鹅群
	15：00	检查育雏室温度，填写饲养记录，清理鹅粪
	17：00	喂料、饮水
	19：00	检查巡视鹅群
	21：00	检查育雏室温度 检查料盘，喂料
	24：00	检查温度，巡视鹅群（夜间也要起身查看）

特别提示	每天要检查料盘，防止饲料发霉变质
知识窗	◆ **育雏的方式有哪些?** 　　鹅育雏方法有自温育雏和供温育雏两种方式。 　　1. 自温育雏　此法在养鹅数量较少时用得比较普遍。在箩筐内铺以较厚的垫草，将雏鹅放在箩筐内利用自身散发出的热量来保持育雏温度，即鹅群依靠自身产生的热能取暖。 　　2. 供温育雏　又叫给温育雏，这是饲养数量较多时普遍采用的育雏方法，其育雏形式有：保育伞育雏、地面垫料育雏、网上育雏、地面和网上相结合
备注	

育雏期 第4天	⏱ 时间记录	___年___月___日
	☀ 天气记录	室外温度_____℃ 湿　　度_____% 室内温度_____℃ 湿　　度_____%

日操作安排	5：00	喂料：根据雏鹅采食情况添加饲料 饮水：饮水中添加多维和抗生素
	8：00	清理舍内卫生 巡视观察鹅群、检查育雏室温度
	9：00	注射鸭疫里默氏杆菌＋大肠杆菌多价蜂胶灭活疫苗
	10：30	检查料盘，添加饲料
	13：00	巡视观察鹅群，挑出弱雏单独饲养
	15：00	检查育雏室温度，填写饲养记录
	17：00	喂料、饮水
	19：00	检查巡视鹅群
	21：00	检查育雏室温度 检查料盘，喂料
	24：00	检查温度、巡视鹅群（夜间也要起身查看）

特别提示	1. 皮下或肌内注射鸭疫里默氏杆菌＋大肠杆菌多价蜂胶灭活疫苗0.6毫升。 2. 经过3天饲喂，需要将雏鹅逐只检查，精神状态比较差、弱小个体挑出来单独饲养，适当增加饲喂次数，比其他雏鹅的环境温度提高1～2℃
知识窗	◆ 雏鹅育雏条件有哪些？ 合理的育雏条件是保证雏鹅健康成长的前提。育雏条件主要包括温度、湿度、通风、光照等。 1. 温度 1～5日龄时为28～27℃，6～10日龄时为26～25℃，11～15日龄时为24～22℃，16～20日龄时为22～20℃，20日龄以后为18℃。 2. 湿度 0～10日龄时，相对湿度为60%～65%，11～21日龄时为65%～70%。 3. 通风 育雏舍内必须有通风设备，经常对雏鹅舍进行通风换气，保持舍内空气新鲜。 4. 光照 0～7日龄24小时；8～14日龄18小时；15～21日龄16小时；22日龄以后，自然光照，晚上人工补充光照（100米^{2}1只20瓦灯，灯泡高度2米）
备注	

育雏期	第5天	⊙ 时间记录	＿＿年＿＿月＿＿日
		※ 天气记录	室外温度＿＿＿℃ 湿　度＿＿＿％ 室内温度＿＿＿℃ 湿　度＿＿＿％

日操作安排	5：00	喂料：根据雏鹅采食情况添加饲料 饮水：饮水中添加多维和抗生素
	8：00	清理舍内卫生 巡视观察鹅群，调节育雏室温度
	9：00	检查料盘，添加饲料
	11：00	清洗饮水器
	13：00	巡视观察鹅群
	15：00	检查育雏室温度，填写饲养记录
	17：00	喂料、饮水
	19：00	检查巡视鹅群
	21：00	检查育雏室温度 检查料盘，喂料
	24：00	检查温度，巡视鹅群（夜间也要起身查看）

特别提示	育雏前5天是死亡高峰期，饲养人员要多观察鹅群状况，发现问题及时处理
知识窗	◆ **雏鹅的生理特点** 　　1. 体温调节能力不完善。 　　2. 生长发育快。 　　3. 易扎堆。 　　4. 新陈代谢旺盛。 　　5. 消化能力弱。 　　6. 抗病力差。 　　7. 适应性差。 　　8. 缺乏自卫能力
备注	

育	第**6**天	⏰ 时间记录	_____年_____月_____日

雏		☀ 天气记录	室外温度_____℃
期			湿　　度_____%
			室内温度_____℃
			湿　　度_____%

日操作安排	5：00	喂料：根据雏鹅采食情况添加饲料 饮水：饮水中添加多维和抗生素
	8：00	清理舍内卫生 巡视观察鹅群，检查育雏室温度
	9：00	检查料盘，添加饲料
	11：00	清洗饮水器
	13：00	巡视观察鹅群
	15：00	检查育雏室温度，填写饲养记录
	17：00	喂料、饮水
	19：00	检查巡视鹅群
	21：00	检查育雏室温度 检查料盘，喂料
	24：00	检查温度、巡视鹅群（夜间也要起身查看）

特别提示	雏鹅死亡高峰期，特别注意温度，防止打堆
知识窗	◆ 如何进行雏鹅性别鉴定？ 　　对雏鹅性别鉴定主要有翻肛法、捏肛法和顶肛法。这里主要介绍翻肛法。 　　在胚胎发育初期，公、母雏鹅都有生殖突起，但母雏的生殖突起在胚胎发育后期开始退化，出壳后已完全消失。因此，根据生殖突起的有无或突起的组织形态的差异，可进行雌、雄鉴别。具体方法是将雏鹅握于左手掌中，用左手的中指和无名指夹住颈口，使其腹部向上，然后用右手的拇指和食指放在泄殖腔两侧，用力轻轻翻开泄殖腔。如果在泄殖腔口见有螺旋形的突起（阴茎的雏形）即为公鹅；如果看不到螺旋形的突起，只有三角瓣形皱褶，即为母鹅
备注	

育雛期	第7天	⏱ 时间记录	＿＿＿年＿＿月＿＿日
		☀ 天气记录	室外温度＿＿＿＿＿℃ 湿　　度＿＿＿＿＿% 室内温度＿＿＿＿＿℃ 湿　　度＿＿＿＿＿%

日操作安排	5：00	喂料：根据雏鹅采食情况添加饲料 饮水：饮水中添加多维和抗生素
	8：00	清理舍内卫生 巡视观察鹅群，检查育雏室温度
	9：00	注射小鹅瘟疫苗
	10：30	检查料桶，添加饲料，清洗饮水器
	13：00	巡视观察鹅群
	15：00	检查育雏室温度，填写饲养记录
	17：00	喂料、饮水
	19：00	检查巡视鹅群
	21：00	检查育雏室温度 检查料桶，喂料
	24：00	检查温度，巡视鹅群（夜间也要起身查看）

特别提示	1. 皮下或肌内注射小鹅瘟疫苗 1 羽份。 2. 将喂料的料盘换成小料桶
知识窗	◆ **什么是小鹅瘟?** 　　1. 症状　3～20 日龄任何品种的雏鹅易发生，病鹅通常在出现症状之后 12～48 小时即死亡，日龄较大的病鹅，以食欲不振和腹泻为主。 　　雏鹅在感染后，首先表现精神委顿、缩头，继而食欲废绝，严重腹泻，排出黄白色水样和混有气泡的稀便，鼻液分泌增多，嗉囊中有多量气体和液体，有些病鹅临死前可出现神经症状，颈部扭转，全身抽搐。挤压肛门时流出黄白色或黄绿色稀薄粪便。口鼻腔中有棕褐色稀薄液体流出。 　　2. 防治　严禁从疫区购进种蛋、雏鹅及种鹅；严格消毒；病死的雏鹅应焚烧或深埋；在母鹅产蛋前 30 天内，注射小鹅瘟弱毒疫苗 2 次；未经免疫的种鹅所产蛋孵出后注射抗小鹅瘟高免血清
备注	

育
雏
期

第**8**天

⏱ 时间记录	_____年____月____日
☀ 天气记录	室外温度_____℃ 湿　　度_____% 室内温度_____℃ 湿　　度_____%

日操作安排	5：00	喂料：雏鹅自由采食 饮水：正常
	8：00	清理舍内卫生 巡视观察鹅群，检查育雏室温度
	9：00	检查料桶，添加饲料
	11：00	清洗饮水器
	13：00	巡视观察鹅群
	15：00	检查育雏室温度，填写饲养记录
	17：00	喂料、饮水
	19：00	检查巡视鹅群
	21：00	检查育雏室温度 检查料桶，喂料
	24：00	检查温度，巡视鹅群（偶尔夜间巡视）

特别提示	饮水中停止添加抗生素
知识窗	◆ **鹅的品种如何分类？** 　　1. 按体型大小分类　分为大型、中型和小型品种鹅。一般成年体重公鹅在 9 千克以上，母鹅在 8 千克以上为大型品种；成年体重公鹅在 5 千克以下，母鹅在 4 千克以下为小型品种；介于两者之间的为中型品种。 　　2. 按羽毛颜色分类　中国鹅品种按羽毛颜色分为灰色、白色两种。灰鹅如狮头鹅、雁鹅等；白鹅如太湖鹅、皖西白鹅等。国外鹅品种羽色较丰富，有白、灰、浅黄、黑色等。 　　3. 按经济用途分类　随着人们对鹅产品的需要不同，在养鹅生产中出现了一些优秀的专用品种。如用于肥肝生产的专用品种，用于产绒的专用品种等
备注	

育雏期	第9天	⏰ 时间记录	_____年____月____日

☀ 天气记录	室外温度_____℃ 湿　　度_____% 室内温度_____℃ 湿　　度_____%

日操作安排	5：00	喂料：雏鹅自由采食 饮水：正常
	8：00	清理舍内卫生 巡视观察鹅群，调节育雏室温度
	9：00	检查料桶，添加饲料
	11：00	清洗饮水器
	13：00	巡视观察鹅群
	15：00	检查育雏室温度，填写饲养记录
	17：00	喂料、饮水
	19：00	检查巡视鹅群
	21：00	检查育雏室温度 检查料桶，喂料
	24：00	检查温度，巡视鹅群（偶尔夜间巡视）

温馨小贴士

第**9**天

特别提示	育雏室温度要缓慢下降，不能忽高忽低
知识窗	◆ 如何检验雏鹅的生长发育是否正常？ 　　育雏情况好的，育雏存活率应在85％以上，且力争超过90％。雏鹅的生长发育，一是看体重，要达到种质的一般水平，如太湖鹅在30日龄时的体重应达1.25千克，皖西白鹅应达1.5千克，狮头鹅应达2千克以上；二是看羽毛更换情况，太湖鹅30日龄时应达"大翻白"（即所有的胎毛全部由黄翻白），浙东白鹅应达"三点白"（两肩和尾部脱掉胎毛），雁鹅应达"长大毛"（尾羽开始生长）。这些指标在实际生产中有重要指导意义和经济意义，运用时还应注意品种的差异和生产条件的差异
备注	

育雏期	第10天	⊙ 时间记录	_____年____月____日
		☀ 天气记录	室外温度_____℃ 湿　　度_____% 室内温度_____℃ 湿　　度_____%

日操作安排	5：00	喂料：自由采食 饮水：正常
	8：00	清理舍内卫生 巡视观察鹅群，检查育雏室温度
	9：00	皮下注射禽流感疫苗（0.5毫升）
	10：30	检查料桶，添加饲料，清洗饮水器
	13：00	巡视观察鹅群
	15：00	检查育雏室温度，填写饲养记录
	17：00	喂料、饮水
	19：00	检查巡视鹅群
	21：00	检查育雏室温度 检查料桶，喂料
	24：00	检查温度，巡视鹅群（偶尔夜间巡视）

特别提示	注意观察鹅群，雏鹅第 2 周容易发生的疾病主要有禽流感、鹅球虫病等。而鹅禽流感的防治一直是处于比较重要的位置，应对此高度重视，对雏鹅进行相关疫苗免疫
知识窗	**◆ 什么是禽流感?** 　　1. 病因　引起我国禽类发病的主要是 H5 亚型和 H9 亚型。其中，以 H5N1 型病毒危害性最为严重，一年四季均可发生，尤以 1～2 月龄的仔鹅最易感病；H9 亚型禽流感病毒也能引起易感雏禽 100％ 发病，鹅群产蛋量严重下降，甚至绝产。 　　2. 症状　临床典型特点为眼红、流泪。初期症状为眼红流泪、减食腹泻，后期沉郁不食，呼吸困难、肿头流涕、眼红加剧甚至眼鼻出血，急性期鹅单侧或双侧眼角膜浑浊甚至失明，部分歪头曲颈。雏鹅神经症状明显，表现站立不稳、歪头曲颈、后腿倒地。 　　3. 防治　保证全进全出的饲养制度；对鹅场要定期消毒，保证清洁卫生；接种禽流感油乳剂灭活疫苗，于 40～45 日龄做第 1 次免疫，开产前做第 2 次免疫，对种鹅每 3～6 个月再接种 1 次
备注	

育雏期 第**11**天	⏱ 时间记录	＿＿＿年＿＿月＿＿日
	☀ 天气记录	室外温度＿＿＿＿＿℃ 湿　　度＿＿＿＿＿% 室内温度＿＿＿＿＿℃ 湿　　度＿＿＿＿＿%

日操作安排	5：00	喂料：自由采食 饮水：正常
	8：00	清理舍内卫生 巡视观察鹅群，检查育雏室温度
	9：00	检查料桶，添加饲料
	11：00	清洗饮水器
	13：00	巡视观察鹅群
	15：00	检查育雏室温度，填写饲养记录
	17：00	喂料、饮水
	19：00	检查巡视鹅群
	21：00	检查育雏室温度 检查料桶，喂料
	24：00	检查温度，巡视鹅群（偶尔夜间巡视）

特别提示	随着雏鹅采食和饮水量的增加，要注意防止育雏室潮湿，保持育雏室适宜通风
知识窗	◆ 如何进行地面平养育雏？ 　　在干燥的地面上，铺垫5～10厘米厚的垫料。垫料切忌霉烂，要求干燥、清洁、柔软、吸水性强、灰尘少，常用的有稻草、谷壳、锯木屑、碎玉米轴、刨花、稿秆等。 　　在饮水和采食区不垫垫料，在饲养过程中发现垫料潮湿时，可在原有垫料的基础上进行局部或全部增加垫料或者更换新垫料。冬季育雏更换垫料时，要防止雏鹅着凉。平时管理时要防止雏鹅进入水槽，弄湿羽毛，造成鹅体受凉及引起育雏室地面潮湿
备注	

育雏期 第**12**天	⏱ 时间记录	＿＿＿年＿＿月＿＿日
	☀ 天气记录	室外温度＿＿＿＿＿℃ 湿　　度＿＿＿＿＿% 室内温度＿＿＿＿＿℃ 湿　　度＿＿＿＿＿%

日操作安排	5：00	喂料：自由采食 饮水：正常
	8：00	清理舍内卫生 巡视观察鹅群，检查育雏室温度
	9：00	检查料桶，添加饲料
	11：00	清洗饮水器
	13：00	巡视观察鹅群
	15：00	检查育雏室温度，填写饲养记录
	17：00	喂料、饮水
	19：00	检查巡视鹅群
	21：00	检查育雏室温度 检查料桶，喂料
	24：00	检查温度，巡视鹅群（偶尔夜间巡视）

温馨小贴士

第**12**天

特别提示	准备好多维，明天饮水中要添加多维
知识窗	◆ **如何进行网上育雏?** 　　雏鹅饲养在离地50～60厘米高的铁丝网上，也可以是塑料网，还可用木条、竹条制作。铁丝网、塑料网的网眼为1.25厘米×1.25厘米。木制的网要求板条宽1.25～2.0厘米，空隙宽1.5～2.0厘米，板条的走向要与鹅舍的长轴平行。 　　网上育雏的饲养密度可稍高于地面散养，通常1～2周龄内，每平方米可达20～25只，2～3周龄时为10～15只。采用此法育雏，可节省大量垫料，减少雏鹅与粪便接触的机会，因而可降低疾病发生率，成活率较高
备注	

<table>
<tr><td rowspan="2">育雏期</td><td rowspan="2">第 13 天</td><td>🕐 时间记录</td><td>_____年____月____日</td></tr>
<tr><td>☀ 天气记录</td><td>室外温度_____℃
湿　　度_____%
室内温度_____℃
湿　　度_____%</td></tr>
</table>

日操作安排	5：00	喂料：自由采食 饮水：饮水中添加多维
	8：00	清理舍内卫生 巡视观察鹅群，检查育雏室温度
	9：00	检查料桶，添加饲料
	11：00	清洗饮水器
	13：00	巡视观察鹅群
	15：00	检查育雏室温度，填写饲养记录
	17：00	喂料、饮水
	19：00	检查巡视鹅群
	21：00	检查育雏室温度 检查料桶，喂料
	24：00	检查温度，巡视鹅群（偶尔夜间巡视）

特别提示	准备好新城疫 I 系、鹅副黏病毒蜂胶灭活疫苗及用具，明天注射，饮水中添加多维，防止明天注射疫苗产生应激
知识窗	◆ **雏鹅对湿度有何要求？** 　　在正常情况下，湿度对雏鹅的影响不像温度那么大，但干燥清洁的舍内环境有利于雏鹅的生长、发育和疾病预防。在高温高湿时，雏鹅体热难以散发，容易引起"出汗"，食欲减少，疾病抵抗能力下降，高温高湿还会引起病原微生物的大量繁殖，这是发病率增加的主要原因。 　　育雏期间湿度的具体要求是：0～10 日龄时，相对湿度为 60%～65%，11～21 日龄时为 65%～70%。采用地面垫料育雏时，务必要做好垫料管理工作，避免饮水外溢，及时更换潮湿垫料
备注	

育雏期 第 **14** 天

⏰ 时间记录	＿＿＿年＿＿月＿＿日
☀ 天气记录	室外温度＿＿＿＿＿℃ 湿　　度＿＿＿＿＿% 室内温度＿＿＿＿＿℃ 湿　　度＿＿＿＿＿%

日操作安排	时间	内容
	5：00	喂料：自由采食 饮水：饮水中添加多维
	8：00	巡视观察鹅群，检查育雏室温度
	9：00	注射新城疫Ⅰ系、鹅副黏病毒蜂胶灭活疫苗
	10：30	检查料桶，添加饲料，清洗饮水器
	13：00	巡视观察鹅群
	15：00	检查育雏室温度，填写饲养记录
	17：00	喂料、饮水
	19：00	检查巡视鹅群
	21：00	检查育雏室温度 检查料桶，喂料
	24：00	检查温度，巡视鹅群（偶尔夜间巡视）

特别提示	1. 肌内注射新城疫Ⅰ系2羽份，皮下注射鹅副黏病毒蜂胶灭活疫苗0.5毫升。 2. 早上不要喂料，上午要注射禽流感疫苗，疫苗注射结束后再喂料
知识窗	◆ **如何控制育雏室通风？** 　　雏鹅虽小，但其生长发育很快，体温较高，呼吸快，新陈代谢旺盛，需要大量的氧气，此外，雏鹅呼吸及粪便、垫料产生的二氧化碳、氨气和硫化氢等有害气体使空气污浊，刺激眼鼻和呼吸道，影响雏鹅正常生长、发育，严重者造成中毒。 　　育雏舍内必须有通风设备，经常对雏鹅舍进行通风换气，保持舍内空气新鲜。冬、春季节，通风换气会导致室内温度下降，因此在通风前，首先要使舍内温度升高2～3℃，然后逐渐打开门窗或换气扇，要避免冷空气直接吹到鹅体。通风时间多安排在中午前后。在生产中，还应防止贼风使室内部分空间温度偏低
备注	

🕐 时间记录	_____年____月____日
☀ 天气记录	室外温度_____℃ 湿　　度_____% 室内温度_____℃ 湿　　度_____%

日操作安排	5：00	喂料：雏鹅自由采食 饮水：饮水中添加多维
	8：00	清理舍内卫生 巡视观察鹅群，检查育雏室温度
	9：00	检查料桶，添加饲料
	11：00	清洗饮水器
	13：00	巡视观察鹅群
	15：00	检查育雏室温度，填写饲养记录
	17：00	喂料、饮水
	19：00	检查巡视鹅群
	21：00	检查育雏室温度 检查料桶，喂料
	24：00	检查温度，巡视鹅群（偶尔夜间巡视）

特别提示	注意观察鹅群的精神状态，观察注射疫苗后对鹅群有没有影响
知识窗	◆ **雏鹅如何进行放牧？** 　　雏鹅初次放牧时间可根据气候和健康状况而定，一般约在出壳后 15 天左右。第 1 次放牧必须选择晴好天气，在喂后驱赶到附近平坦的草地上活动、采食青草，前几次时间不宜过长、距离不宜过远，以后逐渐延长时间与距离
备注	

育雏期 第 **16** 天	◎ 时间记录	＿＿＿年＿＿月＿＿日
	※ 天气记录	室外温度＿＿＿＿＿℃ 湿　　度＿＿＿＿＿% 室内温度＿＿＿＿＿℃ 湿　　度＿＿＿＿＿%

日操作安排	5：00	喂料：雏鹅自由采食 饮水：饮水中添加多维
	8：00	清理舍内卫生 巡视观察鹅群，检查育雏室温度
	9：00	检查料桶，添加饲料，雏鹅下水
	11：00	清洗饮水器
	13：00	巡视观察鹅群
	15：00	检查育雏室温度，填写饲养记录
	17：00	喂料、饮水
	19：00	检查巡视鹅群
	21：00	检查育雏室温度 检查料桶，喂料
	24：00	检查温度、巡视鹅群（偶尔夜间巡视）

特别提示	在冬季和春季，第16天雏鹅可以下水，夏季雏鹅1周后即可下水
知识窗	◆ **雏鹅如何进行放水？** 　　放水不仅可增加鹅的活动，促进新陈代谢，增强体质，还可洗净羽毛上的污物，有益于卫生保健等。传统养鹅时，雏鹅可训练下水活动。但雏鹅全身的绒毛容易被水浸湿下沉，体弱者还会被溺死，所以初次放水可将雏鹅赶至水浴池或浅水边任其自由下水，切不可强迫赶入水中，应让鹅逐只慢下，避免一团一团地下水，否则会引起先下水的鹅被后下水的鹅压在水下抬不起头而窒息死亡。下水时必须人为加以调教，让鹅嬉水片刻再慢慢赶上岸来休息。一般一天1次，每天10～15分钟。 　　洗浴水以流动的活水为佳。如果是非流动水，就应经常更换水浴池的水，或每月1次用生石灰、漂白粉进行水质消毒，杀死水中寄生虫和病菌。夏季室外活动时，严防中暑
备注	

育雏期 第**17**天	⏰ **时间记录**	＿＿＿＿年＿＿＿月＿＿＿日
	☀ **天气记录**	室外温度＿＿＿＿＿℃ 湿　　度＿＿＿＿＿％ 室内温度＿＿＿＿＿℃ 湿　　度＿＿＿＿＿％

日操作安排	5：00	喂料：雏鹅自由采食 饮水：正常
	8：00	清理舍内卫生 巡视观察鹅群，检查育雏室温度
	9：00	检查料桶，添加饲料，雏鹅下水
	11：00	清洗饮水器
	13：00	巡视观察鹅群
	15：00	检查育雏室温度，填写饲养记录
	17：00	喂料、饮水
	19：00	检查巡视鹅群
	21：00	检查育雏室温度 检查料桶，喂料
	24：00	检查温度、巡视鹅群（偶尔夜间巡视）

特别提示	注意育雏室内的清洁卫生
知识窗	**◆ 鹅有哪些经济价值?** 　1. 鹅肉　从营养角度看,鹅肉中赖氨酸、丙氨酸含量比鸡肉高 30%,组氨酸高 70%。 　2. 鹅油　必需脂肪酸占 75.66%,接近植物油,而且熔点低,为 26~34℃,容易吸收。 　3. 鹅肥肝　鹅肥肝与普通鹅肝相比卵磷脂含量高 4 倍,酶的活性高 3 倍,脱氧核糖核酸、核糖核酸高 1 倍,脂肪含量约占 60%,其中必需脂肪酸占 65%~68%。 　4. 鹅血　全血中蛋白质含量在 17% 左右,是成本很低的人用抗癌药物。 　5. 鹅骨　有人脑所不可缺少的磷脂、磷蛋白,还有防止衰老作用的骨胶原、软骨素,以及多种氨基酸、维生素。 　6. 鹅羽绒　是优质的防寒保暖材料,不但轻软有弹性、保暖防寒,而且经久耐用,抗磨性能可达 25 年
备注	

育雏期	第18天	⏱ 时间记录	____年____月____日

☀ 天气记录	室外温度_____℃ 湿　　度_____% 室内温度_____℃ 湿　　度_____%

日操作安排	5：00	喂料：雏鹅自由采食 饮水：正常
	8：00	注射禽霍乱＋大肠杆菌二联蜂胶灭活疫苗，添加饲料
	10：00	清理舍内卫生 巡视观察鹅群、检查育雏室温度
	11：00	清洗饮水器
	13：00	巡视观察鹅群
	15：00	检查育雏室温度，填写饲养记录
	17：00	喂料、饮水
	19：00	检查巡视鹅群
	21：00	检查育雏室温度 检查料桶，喂料
	24：00	检查温度，巡视鹅群（偶尔夜间巡视）

特别提示	1. 皮下注射禽霍乱＋大肠杆菌二联蜂胶灭活疫苗0.5毫升。 2. 雏鹅的采食量增加比较快，应注意及时添加饲料
知识窗	◆ **我国地方鹅品种有哪些?** 狮头鹅、皖西白鹅、雁鹅、溆浦鹅、浙东白鹅、四川白鹅、太湖鹅、豁眼鹅、乌鬃鹅、郫县白鹅、长乐鹅、伊犁鹅、籽鹅、永康灰鹅、闽北白鹅、莲花白鹅、兴国灰鹅、广丰白翎鹅、丰城灰鹅、百子鹅、武冈铜鹅、阳江鹅、马岗鹅、右江鹅、钢鹅、织金白鹅等。 ◆ **近几年我国培育的鹅品种有哪些?** 扬州鹅、天府肉鹅配套系、重庆白鹅配套系、长白鹅配套系、吉林农大白鹅配套系等
备注	

<table>
<tr><td rowspan="2">育雏期</td><td rowspan="2">第 19 天</td><td>⊙ 时间记录</td><td>_____年_____月_____日</td></tr>
<tr><td>☀ 天气记录</td><td>室外温度_____℃
湿　　度_____%
室内温度_____℃
湿　　度_____%</td></tr>
</table>

日 **操** **作** **安** **排**	5：00	喂料：雏鹅自由采食 饮水：正常
	8：00	清理舍内卫生 巡视观察鹅群，检查育雏室温度
	9：00	检查料桶，添加饲料
	11：00	清洗饮水器
	13：00	巡视观察鹅群
	15：00	检查育雏室温度，填写饲养记录
	17：00	喂料、饮水
	19：00	检查巡视鹅群
	21：00	检查育雏室温度 检查料桶，喂料
	24：00	检查温度，巡视鹅群（偶尔夜间巡视）

日程管理篇

温馨小贴士

第**19**天

特别提示	准备禽流感疫苗及工具
知识窗	**◆ 我国国家级地方鹅保种场有哪些？** 　　我国国家级地方鹅保种场主要有水禽基因库（江苏）、水禽基因库（福建）、豁眼鹅保种场、皖西白鹅保种场、兴国灰鹅保种场、鄱县白鹅保种场、狮头鹅保种场、乌鬃鹅保种场和四川白鹅保种场等。 　　除此之外，我国主要相关省份还有许多地方保种场
备注	

育雏期	第**20**天	⏰ **时间记录**	＿＿＿年＿＿＿月＿＿＿日
		☀ **天气记录**	室外温度＿＿＿＿＿℃ 湿　　度＿＿＿＿＿% 室内温度＿＿＿＿＿℃ 湿　　度＿＿＿＿＿%

日操作安排	5：00	喂料：雏鹅自由采食 饮水：饮水中添加多维
	8：00	注射禽流感疫苗
	9：00	清理舍内卫生 巡视观察鹅群，检查育雏室温度
	10：30	检查料盘，添加饲料
	11：00	清洗饮水器
	13：00	巡视观察鹅群
	15：00	检查育雏室温度，填写饲养记录
	17：00	喂料、饮水
	19：00	检查巡视鹅群
	21：00	检查育雏室温度 检查料桶，喂料
	24：00	检查温度，巡视鹅群（偶尔夜间巡视）

特别提示	皮下注射禽流感疫苗 1 毫升
知识窗	◆ **为什么要让雏鹅采食沙砾?** 　　沙砾是家禽消化的必需物质,尤其对舍饲的鹅更为重要,放养的鹅则可自行觅食沙砾。一般育雏期可加喂占日粮 1% 的沙砾,颗粒大小以小米状为宜,这样可使食物被充分磨碎,尤其是鹅所采食的带有坚硬外壳的螺蛳、小蚌和从小肠逆回肌胃的难以消化的食物。至于全部饲喂粉料时,虽然饲料易于消化,一般仍人为加喂沙砾更有助于增强肌胃的活动能力,据试验,可提高饲料消化率 3%
备注	

育雏期 第21天	⏱ 时间记录	____年____月____日
	☀ 天气记录	室外温度_____℃ 湿　　度_____% 室内温度_____℃ 湿　　度_____%

日操作安排	5：00	饮水：饮水中添加多维
	8：00	巡视观察鹅群，检查育雏室温度
	9：00	喂料
	11：00	清洗饮水器，清理舍内卫生
	13：00	巡视观察鹅群
	15：00	检查育雏室温度，填写饲养记录
	17：00	喂料、饮水
	19：00	检查巡视鹅群
	21：00	检查育雏室温度 检查料桶，喂料
	24：00	检查温度，巡视鹅群

知识窗

◆ **雏育阶段每天主要开展哪些工作?**

　　按日龄控制适宜的温度、湿度;搞好舍内外的环境卫生,每天清洗饮水器和料槽,清除粪便,勤换垫草,切忌垫草发霉;弱、病雏要做好隔离工作;定期进行全面消毒,带鹅消毒;观察雏鹅采食和饮水、精神状态和粪便情况,及时调整、完善饲养管理

备注

第**22**天

⏱ 时间记录	＿＿＿年＿＿＿月＿＿＿日
☀ 天气记录	室外温度＿＿＿＿＿＿℃ 湿　　度＿＿＿＿＿＿％ 室内温度＿＿＿＿＿＿℃ 湿　　度＿＿＿＿＿＿％

日操作安排	5：00	喂料：雏鹅自由采食 饮水：饮水中添加多维
	8：00	清理舍内卫生 巡视观察鹅群，检查育雏室温度
	9：00	检查料桶，添加饲料
	11：00	清洗饮水器
	13：00	巡视观察鹅群
	15：00	检查育雏室温度，填写饲养记录
	17：00	喂料、饮水
	19：00	检查巡视鹅群
	21：00	检查育雏室温度 检查料桶，喂料

特别提示	逐步降低育雏温度，注意育雏室卫生
知识窗	◆ 鹅育雏阶段下水注意事项 　　1. 在采用传统的地面平养育雏时，待苗鹅达到一定日龄可选择晴朗天气进行下水洗浴（冬季须达15日龄以上，夏季则1周龄后即可下水，其余季节视具体情况而定）。 　　2. 苗鹅下水时须遵循"水面由浅到深，下水时间由短到"的原则。 　　3. 苗鹅下水后应注意密度不能大，防止出现挤压、扎堆等现象。 　　4. 在苗鹅下水时期，应注意水体的清洁，并在饮水中添加一定的抗生素等。
备注	

⏱ 时间记录	____年____月____日	
☀ 天气记录	室外温度_____℃ 湿　　度_____% 室内温度_____℃ 湿　　度_____%	

日操作安排	5：00	喂料：雏鹅自由采食 饮水：正常
	8：00	清理舍内卫生 巡视观察鹅群，检查育雏室温度
	9：00	检查料桶，添加饲料
	11：00	清洗饮水器
	13：00	巡视观察鹅群
	15：00	检查育雏室温度，填写饲养记录
	17：00	喂料、饮水
	19：00	检查巡视鹅群
	21：00	检查料桶，喂料

特别提示	准备好育成期饲料，准备将育雏料过渡到育成料

◆ 什么是雏鹅新型病毒性肠炎？

1. 病因　雏鹅新型病毒性肠炎是由腺病毒引起的，该病主要引起3～30日龄雏鹅的发病和死亡，30日龄后基本不死亡。

2. 症状　临床典型症状为昏睡，腹泻，喙端色暗。一般分为最急性、急性、慢性三型。最急性型常见于3～7日龄，常没有前期症状，一旦出现症状即极度衰竭，昏睡而死或死前倒地乱划，迅速死亡；急性型多于8～15日龄发病，主要表现为嗜睡，腹泻、呼吸困难、喙端触地，昏睡而死；慢性型15日龄后多发病，表现为精神不振、间歇性腹泻、消瘦衰竭死亡，幸存者发育不良。

3. 防治　不从疫区引进鹅种；在种鹅开产前使用雏鹅新型病毒性肠炎-小鹅瘟二联弱毒疫苗进行2次免疫，3～4个月能够使后代雏鹅获得母源抗体的保护；来源于种鹅未进行新型病毒肠炎弱毒苗免疫的雏鹅，应在出壳的1日龄内，用雏鹅新型病毒性肠炎弱毒疫苗免疫；或用雏鹅新型病毒性肠炎高免血清皮下注射

备注	

	⏰ 时间记录	____年____月____日
	☀ 天气记录	室外温度_____℃ 湿　　度_____% 室内温度_____℃ 湿　　度_____%

日操作安排	5：00	喂料：雏鹅自由采食 饮水：正常
	8：00	清理舍内卫生 巡视观察鹅群
	9：00	检查料盘，添加饲料
	11：00	清洗饮水器
	13：00	巡视观察鹅群
	15：00	填写饲养记录
	17：00	喂料、饮水（饲料用料盘饲喂，不要加得太满）
	19：00	检查巡视鹅群
	21：00	检查料盘，喂料

特别提示	今天开始逐渐更换饲料，育雏料90%，育成料10%。开始准备育成鹅舍
知识窗	◆ **种用雏鹅的选择** 　　选择免疫程序正规的种鹅场或孵化场生产的符合品种要求、适时出壳、体重适中、绒毛有光泽、无黏毛、卵黄吸收好、脐部收缩良好、活泼好动和眼睛明亮有神的健雏留做种用雏鹅。弱雏及残雏禁止留做种用。 　　在选留种用雏鹅时，要根据各品种的特点，通过雌、雄鉴别技术，按一定比例选留，如籽鹅的公、母比例为1∶8～15，并且在此基础上，雌雏和雄雏的留种数量应适当多一些，为以后淘汰选留做准备
备注	

🕐 时间记录	＿＿年＿＿月＿＿日
☀ 天气记录	室外温度＿＿＿＿℃ 湿　　度＿＿＿＿% 室内温度＿＿＿＿℃ 湿　　度＿＿＿＿%

日操作安排	5：00	喂料：雏鹅自由采食 饮水：正常
	8：00	清理舍内卫生 巡视观察鹅群
	9：00	检查料桶，添加饲料
	11：00	清洗饮水器
	13：00	巡视观察鹅群
	15：00	填写饲养记录
	17：00	喂料、饮水
	19：00	检查巡视鹅群
	21：00	检查料盘，喂料

日程管理篇 温馨小贴士 第**25**天

特别提示	1. 继续更换饲料，育雏料 75%，育成料 25%。 2. 将育成鹅舍打扫干净，并准备好消毒药物及饲养用具
知识窗	◆ **如何进行饲养安全检查?** 　　对于养殖场来说，安全养殖责任重大，定期组织相关人员对全场的水电设施进行全面的检查和整顿，及时解决各种相关问题和消除存在的安全事故隐患。对那些水路设施老化严重的部件，及时更换；裸露的线头重新包裹和防水；损坏的养殖器材要进行修理和维护等
备注	

育雏期 第 **26** 天	⏱ **时间记录**	_____年_____月_____日
	☀ **天气记录**	室外温度_____℃ 湿　　度_____% 室内温度_____℃ 湿　　度_____%

日操作安排	5：00	喂料：雏鹅自由采食 饮水：正常
	8：00	清理舍内卫生 巡视观察鹅群，检查育雏室温度
	9：00	添加饲料
	11：00	清洗饮水器
	13：00	巡视观察鹅群
	15：00	填写饲养记录
	17：00	喂料、饮水
	19：00	检查巡视鹅群
	21：00	检查料桶，喂料

特别提示	继续更换饲料，育雏料50％，育成料50％；将育成鹅舍进行消毒
知识窗	◆ **如何更换饲料？** 　　鹅在不同的饲养阶段所用饲料的营养水平不同，从育雏期到育成期需要将育雏料更换为育成料，从育成期到产蛋期需要将育成料更换成产蛋料。每次换料都应有一个过渡阶段，不可突然全换，使鹅能有一个适应过程。尤其从育雏期到育成期，饲料的更换是一个很大的转折，饲料的营养成分，如粗蛋白质含量从20％左右降到14％～16％，饲料原料配比的变化，会改变其适口性，采食量会减少，此时若管理不好，鹅就容易发病。因此，建议用5～7天的时间进行饲料过渡，逐步增加育成料的比例，最后过渡到全部采用育成料
备注	

育雏期 第**27**天	⏲ 时间记录	____年____月____日
	☀ 天气记录	室外温度_____℃ 湿　　度_____% 室内温度_____℃ 湿　　度_____%

日操作安排	5：00	喂料：雏鹅自由采食 饮水：饮水中添加多维
	8：00	清理舍内卫生 巡视观察鹅群
	9：00	检查料盘，添加饲料
	11：00	清洗饮水器
	13：00	巡视观察鹅群
	15：00	填写饲养记录
	17：00	喂料、饮水
	19：00	检查巡视鹅群
	21：00	检查育雏室温度 检查料桶，喂料

特别提示	继续更换饲料，育雏料 25%，育成料 75%
知识窗	◆ **育雏期光照如何控制?** 　　0～3 日龄雏鹅光照时间可达 21～24 小时，光照强度大一些，以便让雏鹅熟悉环境，采食和饮水。 　　4 日龄以后，逐步降低光照强度，减少光照时间。 　　3 周龄以后，如为春雏，主要采用自然光照，夜间喂料时可用较亮的灯照明，其他时间应使用较暗的灯；如为秋雏，在利用自然光照的同时，应在早或晚补充较强的日光等光照，其他时间，用较暗灯照明即可
备注	

育雏期 第**28**天	⏱ 时间记录	＿＿＿年＿＿月＿＿日
	☀ 天气记录	室外温度＿＿＿＿＿℃ 湿　　度＿＿＿＿＿％ 室内温度＿＿＿＿＿℃ 湿　　度＿＿＿＿＿％

日操作安排	5：00	喂料：雏鹅自由采食 饮水：饮水中添加多维
	8：00	清理舍内卫生 巡视观察鹅群
	9：00	检查料盘，添加饲料
	11：00	清洗饮水器
	13：00	巡视观察鹅群
	15：00	检查育雏室温度，填写饲养记录
	17：00	喂料、饮水
	19：00	检查巡视鹅群
	21：00	停料

特别提示	晚上 9：00 停料，明天上午转群；饲料全部过渡到育成期饲料
知识窗	◆ **种鹅育雏期末淘汰选择** 　　育雏期结束时进行淘汰选择。选择的重点是选择体重大的公鹅，母鹅则要求具有中等的体重，淘汰那些体重较小的、有伤残的、有杂色羽毛的个体。经育雏期末选择后，公、母鹅的配种比例为 1：3～4
备注	

三、育成鹅日程管理（168 天）

　　雏鹅养至 4 周龄时，即进入育成期。从 5 周龄开始至产蛋前（中小型鹅为 28 周龄，大型鹅为 30 周龄）为止的时期，称为种鹅的育成期，这段时期的鹅称为育成鹅。此期一般分为生长阶段、限制饲养阶段和恢复饲养阶段。5～10 周为生长阶段；11～24 周为限制饲养阶段；25～28 周为恢复饲养阶段。

育成期	**5**周龄	⏰ 时间记录	＿＿年＿＿月＿＿日
		☀ 天气记录	室外温度＿＿＿＿℃ 湿　　度＿＿＿＿% 室内温度＿＿＿＿℃ 湿　　度＿＿＿＿%

日操作安排	6：00	巡视鹅群、关灯 喂料：自由采食 饮水：正常
	8：00	清理舍内卫生 巡视观察鹅群
	9：00	对鹅群进行带鹅消毒（每周一次） 对挑出的弱小和生病的个体进行单独饲养，增加营养，使其加快生长
	13：00	巡视观察鹅群
	15：00	填写饲养记录 清理鹅粪和水池（水池每周一次）
	17：00	喂料、饮水
	19：00	检查巡视鹅群，开灯（防鼠惊群）
	21：00	休息

特别提示	饲料要按照一定的比例调整
知识窗	◆ 育成鹅的生理特点有哪些? 　1. 消化道容积增大，耐粗放饲养。 　2. 生长迅速。 　3. 合群性强、易于调教。 　4. 采食节律性
备注	

育成期	**6**周龄	⏱ **时间记录** _____年_____月_____日
		☀ **天气记录** 室外温度_____℃ 湿　　度_____% 室内温度_____℃ 湿　　度_____%

日操作安排	6：00	巡视鹅群、关灯 喂料：自由采食 饮水：正常
	8：00	清理舍内卫生 巡视观察鹅群
	9：00	对鹅群进行带鹅消毒（每周一次） 对挑出的弱小和生病的个体进行单独饲养，增加营养，使其加快生长
	13：00	巡视观察鹅群
	15：00	填写饲养记录 清理鹅粪和水池（水池每周一次）
	17：00	喂料、饮水
	19：00	检查巡视鹅群，开灯（防鼠惊群）
	21：00	休息

特别提示	第一天鹅群从育雏室转入，开始进入育成期饲养阶段。 　　鹅群更换了新的饲养环境，饲养员要注意多观察鹅群，防止出现应激
知识窗	◆ **放牧饲养中应注意的问题有哪些?** 　　1. 放牧鹅群的大小　根据放牧场地大小、青绿饲料生长情况、草质、水源情况、放牧人员的技术水平、经验和鹅群的体质状况来确定放牧鹅群的大小。 　　2. 放牧场地的选择和合理利用　放牧场地要求选择有丰富的牧草、草质优良，并靠近水源的地方，有计划地轮换放牧。 　　3. 放牧鹅群的调教　在放牧初期，应根据鹅的行为习性，调教鹅的出牧、归牧、下水、休息等行为，放牧人员加以相应的信号，使鹅群建立起相应的条件反射，便于管理
备注	

育成期	**7**周龄	⏰ 时间记录	_____年_____月_____日
		☀ 天气记录	室外温度_____℃ 湿　　度_____% 室内温度_____℃ 湿　　度_____%

日 操 作 安 排	6：00	巡视鹅群、关灯 喂料：自由采食 饮水：在水中添加电解多维
	8：00	准备禽流感疫苗以及注射器，对注射器进行煮沸消毒；人员的通知与结合
	9：00	对鹅群进行带鹅消毒（每周一次） 对挑出的弱小和生病的个体进行单独饲养，增加营养，使其加快生长
	13：00	巡视观察鹅群
	15：00	填写饲养记录 清理鹅粪和水池（水池每周一次）
	17：00	喂料、饮水
	19：00	检查巡视鹅群，开灯（防鼠惊群）
	21：00	休息

特别提示	于40日龄注射新城疫Ⅰ系（肌内注射）疫苗
知识窗	◆ **鹅限制饲养中需要注意哪些事项?** 　　1. 限制饲养阶段，种鹅育成期喂料量应以鹅的体重为基础。 　　2. 无论给食次数多少，应在放牧前2小时或在放牧后2小时补料，防止鹅因放牧前过饱，或收牧后急于回巢而养成不采食青草的坏习惯。 　　3. 随时观察鹅群的精神状态、采食情况等，发现弱鹅、伤残鹅等要及时剔除，进行单独的饲喂和护理。 　　4. 育成期种鹅往往处于5～8月份，要注意防暑，供鹅休息的场地最好有水源，以便于饮水、戏水和洗浴。 　　5. 搞好鹅舍的清洁卫生，保持垫草和舍内干燥
备注	

育成期	**8**周龄	

○ 时间记录	____年___月___日
☀ 天气记录	室外温度_____℃ 湿　　度_____% 室内温度_____℃ 湿　　度_____%

日操作安排	6：00	巡视鹅群、关灯 饮水：在水中添加电解多维
	8：00	准备禽流感疫苗以及注射器，对注射器进行煮沸消毒；人员的通知与结合
	9：00	对鹅群进行带鹅消毒（每周一次） 对挑出的弱小和生病的个体进行单独饲养
	13：00	巡视观察鹅群
	15：00	填写饲养记录 清理鹅粪和水池（水池每周一次）
	17：00	准备第二天饲料
	19：00	检查巡视鹅群，开灯（防鼠惊群）
	21：00	休息

特别提示	于 45 日龄注射鹅副黏病毒灭活疫苗
知识窗	**◆ 育成鹅饲养管理要点是什么?** 　　合理组群,放牧时一般 250～300 只鹅组成一群,如放牧条件好的,可适当增加数量;搭建临时性棚舍,防暑、防雨、防兽害;放牧路程不可过远,防止出现吃肥走瘦的现象;避免惊扰;在放牧采食不足的情况下,回舍应补饲
备注	

| 育成期 | **9** 周龄 | ⏱ **时间记录** | ____年____月____日 |
| | | ☀ **天气记录** | 室外温度_____℃
湿　　度_____%
室内温度_____℃
湿　　度_____% |

日操作安排	6：00	巡视鹅群 喂料：自由采食 饮水：正常
	8：00	清理舍内卫生 巡视观察鹅群
	9：00	对鹅群进行带鹅消毒（每周一次） 对挑出的弱小和生病的个体进行单独饲养
	13：00	巡视观察鹅群
	15：00	填写饲养记录 清理鹅粪和水池（水池每周一次）
	17：00	准备第二天饲料
	19：00	检查巡视鹅群
	21：00	休息

9 周龄

特别提示	增加对弱小鹅的营养，使其追上正常鹅的体重
知识窗	◆ **怎样对育成鹅进行采食与生长状况检查?** 　1. 采食行为　凡健康、食欲旺盛的鹅，动作敏捷，抢吃，不挑食，摆脖子下咽，食管迅速膨大增粗，并往右移，嘴角不停地往下点，养殖户称"压食"。相反，东张西望，含料不愿下咽，动作迟钝，此情可疑似有病，须提出检查隔离饲养。 　2. 生长发育状况　一看成活率高低；二看均匀度；三看体重大小，一般10周龄时大型鹅种体重可达5～6千克，中型品种为3～4千克，小型2.5千克以上；四看羽毛生长状况。对照生长发育标准，及时调整饲养管理
备注	

⏱ 时间记录	_____年____月____日
☀ 天气记录	室外温度_____℃ 湿　度_____% 室内温度_____℃ 湿　度_____%

日操作安排	6：00	巡视鹅群、关灯 饮水：正常
	7：00	对鹅群进行挑选，挑出弱小的个体，进行单独饲养育肥上市
	8：00	清理舍内卫生 喂料
	9：00	对鹅群进行带鹅消毒（每周一次）
	13：00	巡视观察鹅群
	15：00	填写饲养记录 清理鹅粪
	17：00	喂料、饮水
	19：00	检查巡视鹅群、开灯
	21：00	休息

特别提示	注意观察鹅群，定期对鹅群进行抽样称重，检查是否符合育成的目标要求
知识窗	◆ **如何确定鹅的饲养模式?** 　　鹅的饲养模式主要依据各地的气候、牧草资源和各单位的建筑设施、人力确定。目前，一般采用3种饲养模式，一种是前期舍饲，后期放牧；一种是前期舍饲喂养，中期放牧，后期舍饲育肥；第三种是全程舍饲喂养，适当结合放牧。第一种模式为我国农村广大养鹅专业户广泛采用，因为这种形式所花饲料与工时较少，经济效益也较高。第二种模式与第一种模式所不同的是仅在鹅上市前10～20天对鹅进行短期舍饲催肥，以进一步使鹅毛足、体肥，肉质优良，效益提高。目前国内外养鹅生产中大量采用此方式。全程舍饲喂养虽然能使鹅迅速生长，但由于消耗饲料多，饲养成本高，通常在集约化饲养时采用
备注	

育成期	11~14 周龄	⏱ 时间记录	_____年_____月_____日
		☀ 天气记录	室外温度_____℃ 湿　　度_____% 室内温度_____℃ 湿　　度_____%

日操作安排	6：00	清理舍内卫生，关灯 喂料：每只 150 克分 3 次饲喂，每只每次 50 克，同时给予充足的青料 饮水：正常
	7：00	清理舍内卫生
	8：00	巡视观察鹅群
	9：00	对鹅群进行带鹅消毒（每周一次） 对挑出的弱小个体进行单独饲养
	13：00	巡视观察鹅群
	15：00	填写饲养记录 清理鹅粪
	17：00	喂料、饮水
	19：00	检查巡视鹅群、开灯
	21：00	休息

特别提示	开始对鹅群进行限制饲养
知识窗	**◆ 鹅限制饲养的方法？** 　　一种是减少补饲日粮的饲喂量，实行定量饲喂；另一种是控制饲料的质量，降低日粮的营养水平。鹅多以放牧为主，因此大多数采用控制饲料质量的方法，但一定要根据放牧条件、季节以及鹅的体质，灵活掌握饲料配比和喂料量，既能维持鹅的正常体质，又能降低种鹅的饲养费用。 　　在限饲期应逐步降低饲料的营养水平，每日的喂料次数由3次改为2次，尽量延长放牧时间，逐步减少每次给料的喂料量。控制饲养阶段，母鹅的日平均饲料用量一般比生长阶段减少50%~60%。饲料中可添加较多的填充粗料（如米糠等），目的是锻炼鹅的消化能力，扩大食道容量。后备种鹅经控料阶段前期的饲养锻炼，放牧采食青草的能力强，在草质良好的牧地，可不喂或少喂精料。在放牧条件较差的情况下每日喂料2次，喂料时间在中午和晚上9点左右
备注	

育成期	**15**周龄	☉ 时间记录	_____年_____月_____日

※ 天气记录	室外温度_____℃
	湿　　度_____%
	室内温度_____℃
	湿　　度_____%

日操作安排	6：00	清理舍内卫生、关灯 饮水：在水中添加电解多维
	7：00	准备禽流感疫苗以及注射器，对注射器进行煮沸消毒；人员的通知与结合
	9：00	对鹅群进行带鹅消毒（每周一次）
	11：30	吃中午饭
	13：00	巡视观察鹅群
	15：00	填写饲养记录 清理鹅粪
	17：00	喂料、饮水 对注射器进行消毒备用
	19：00	检查巡视鹅群、开灯
	21：00	**休息**

日程管理篇　温馨小贴士　15周龄

特别提示	在水中添加电解多维，减少鹅群的应激
知识窗	◆ **育成鹅怎么进行疾病防治?** 　　严禁在疫区放牧。做好舍内卫生清洁工作，垫草要勤换。放牧时也要预防农药和化肥中毒事故发生。此期易发生的疾病除育雏期部分疾病外，主要还有有机磷中毒、肉毒梭菌中毒、中暑和水中毒等
备注	

育成期	**16~20**周龄	⏰ 时间记录	＿＿＿＿年＿＿＿月＿＿＿日
		☀ **天气记录**	室外温度＿＿＿＿＿℃ 湿　　度＿＿＿＿＿% 室内温度＿＿＿＿＿℃ 湿　　度＿＿＿＿＿%

日操作安排	6：00	清理舍内卫生、关灯 喂料：每只150克分3次饲喂，每只每次50克，同时给予充足的青料 饮水：正常
	7：00	清理舍内卫生
	8：00	巡视观察鹅群
	9：00	对鹅群进行带鹅消毒（每周一次） 对挑出的弱小个体进行单独饲养
	13：00	巡视观察鹅群
	15：00	填写饲养记录 清理鹅粪
	17：00	喂料、饮水
	19：00	检查巡视鹅群、开灯
	21：00	**休息**

特别提示	鹅是食草型动物，要供给大量的青草
知识窗	◆ 日粮的配合有哪些基本原则？ 　　一是合理选择饲养标准；二是选用饲料原料要经济合理；三是结合鹅的消化生理特点；四是应注意饲料的适口性；五是注重饲料的质量和喂量；六是日粮要求饲料多样化
备注	

育成期	21~24 周龄	⏱ 时间记录	____年____月____日
		☀ 天气记录	室外温度_____℃ 湿　　度_____% 室内温度_____℃ 湿　　度_____%

日操作安排	6：00	清理舍内卫生、关灯 喂料：每只250克分3次饲喂，每只每次50克 饮水：正常
	7：00	清理舍内卫生
	8：00	巡视观察鹅群
	9：00	对鹅群进行带鹅消毒（每周一次） 对挑出的弱小个体进行单独饲养
	13：00	巡视观察鹅群
	15：00	填写饲养记录 清理鹅粪
	17：00	喂料、饮水
	19：00	检查巡视鹅群
	21：00	休息

知识窗

◆ 疫病防控原则是什么？

　　防重于治；生物安全体系的建立；高度重视消毒技术；避免乱用药与滥用药；发病后应在专业兽医指导下进行治疗；果断淘汰无治疗价值的病鹅

备注

| 育成期 | 25~28 周龄 | ⏰ 时间记录 | ＿＿＿年＿＿月＿＿日 |
| | | ☀ 天气记录 | 室外温度＿＿＿℃
湿　度＿＿＿＿％
室内温度＿＿＿℃
湿　度＿＿＿＿％ |

日操作安排	6：00	巡视鹅群、关灯 喂料：每次饲喂量增加，逐渐变成自由采食 饮水：正常
	7：00	清理舍内卫生
	8：00	巡视观察鹅群
	9：00	对鹅群进行带鹅消毒（每周一次） 对挑出的弱小个体进行单独饲养
	13：00	巡视观察鹅群
	15：00	填写饲养记录 清理鹅粪
	17：00	喂料、饮水
	19：00	检查巡视鹅群
	21：00	休息

日程管理篇 　温馨小贴士　25~26 周龄

育成期

特别提示	产蛋前一个月逐渐增加光照，达到 17 小时
知识窗	◆ **禾本科牧草有哪些特点?**　　禾本科牧草富含无氮浸出物，在干物质中粗蛋白的含量为 10%~15%。禾本科牧草的营养价值虽不及豆科牧草，但其适口性好，没有不良气味，家畜都很爱吃。禾本科牧草的优点在于容易调制干草和保存；另外，禾本科牧草的耐践踏力和再生能力强，适于放牧和多次刈割利用
备注	

育成期	**27**周龄	① 时间记录	_____年____月____日
		※ 天气记录	室外温度_____℃ 湿　　度_____% 室内温度_____℃ 湿　　度_____%

日操作安排	6：00	巡视鹅群、关灯 饮水：在水中添加电解多维
	7：00	准备禽流感疫苗以及注射器，对注射器进行煮沸消毒；人员的通知与结合
	9：00	对鹅群进行带鹅消毒（每周一次） 对挑出的弱小个体进行单独饲养
	13：00	巡视观察鹅群
	15：00	填写饲养记录 清理鹅粪
	17：00	喂料、饮水
	19：00	检查巡视鹅群
	21：00	休息

特别提示	186 日龄肌内注射禽流感 H5 亚型
知识窗	◆ **适宜鹅公母比例是多少?** 　在放牧条件下: 　小型鹅 1∶6～7, 　中型鹅 1∶5～6, 　大型鹅 1∶3～4。 　公母比例受多种因素影响,如种禽的健康状况、季节、饲料条件等。天气寒冷时,母禽不活泼,配种能力较差,公禽应适当增加;天气转暖,可减少公禽数。年轻公禽配种能力强,可酌量增多与配母禽数,年老公禽则应减少与配母禽数。留种时,公禽数应适当多留一些,以避免疾病死亡,影响配种受精率
备注	

28 周龄

⊙ 时间记录	____年____月____日
※ 天气记录	室外温度_____℃ 湿　　度_____% 室内温度_____℃ 湿　　度_____%

日操作安排	时间	内容
	6：00	巡视鹅群、关灯 喂料：自由采食 饮水：正常
	7：00	清理舍内卫生
	8：00	巡视观察鹅群
	9：00	对鹅群进行带鹅消毒（每周一次） 对挑出的弱小个体进行单独饲养，进行育肥上市
	13：00	巡视观察鹅群
	15：00	填写饲养记录 清理鹅粪
	17：00	喂料、饮水
	19：00	检查巡视鹅群
	21：00	休息

特别提示	进入产蛋期光照要稳定（17小时）
知识窗	**◆ 活拔羽绒的顺序** 　　鹅的拔毛顺序一般是先从胸上部开始拔，由胸到腹，从左到右，胸腹部拔完后，再拔体侧和颈部、背部的羽绒。一般先拔片羽，后拔绒羽，可减少拔毛过程中产生的飞丝，还容易把绒羽拔干净。主翼羽、副翼羽（翅梗毛）和尾部的大梗毛不能拔，因为这种毛不能用来制造羽绒服或羽绒被，经济价值不高
备注	

四、种鹅日程管理（266 天）

开产至淘汰期内的鹅称为种鹅（中、小型鹅为 29～66 周龄，大型鹅为 31～64 周龄），也称成年鹅。饲养的目的是为了获得数量多、质量好的种蛋。种鹅食欲强、食量大，尤其是采食青草、贝壳、螺蛳等能力极强。所以，应保证让鹅吃饱，特别要保证矿物质饲料的供给，否则会影响产蛋。公鹅善斗，性欲旺盛，临产前应调整好公、母鹅的比例。母鹅在固定地点产蛋的习惯性很强，故在开产前即应准备好产蛋棚和产蛋窝。母鹅有就巢性，应采取措施，促其醒抱。

⏰ 时间记录	____年____月____日
☀ 天气记录	室外温度_____℃ 湿　　度_____% 室内温度_____℃ 湿　　度_____%

日 操 作 安 排	6：00	捡蛋，巡视鹅群 喂料、饮水
	8：00	清理舍内卫生 巡视观察鹅群
	9：00	清理鹅粪
	10：00	对鹅群进行带鹅消毒（每周一次） 对挑出的弱小和生病的个体进行单独 饲养
	13：00	巡视观察鹅群
	15：00	注射禽流感疫苗，填写饲养记录
	17：00	喂料，准备第二天的饲料
	19：00	检查巡视鹅群
	21：00	巡视观察鹅群，饲养员休息

日程管理篇 温馨小贴士

特别提示	1. 本周注射一次禽流感疫苗，提前准备好疫苗及用具，每只注射 1.5 毫升，皮下注射。 2. 本周光照时间 14 小时
知识窗	◆ **产蛋鹅的生活习性** 　　1. 产蛋鹅觅食勤，对饲料品质要求提高　产蛋鹅常常出现觅食勤，喂料时爱抢食，放牧时积极觅食，收牧入舍时对食物或饲料留恋不舍等特征。 　　2. 生活、生产规律，环境要求安静　在管理制度上，喂料、放牧、休息应有一定的规律。 　　3. 胆子大　与雏鹅、育成鹅相比，产蛋鹅对外界环境不再特别敏感，胆子变大，喜欢接近饲养员
备注	

⏱ 时间记录	_____年____月____日
☀ 天气记录	室外温度_____℃ 湿　　度_____% 室内温度_____℃ 湿　　度_____%

日 操 作 安 排	6：00	捡蛋，巡视鹅群 喂料、饮水
	8：00	清理舍内卫生 巡视观察鹅群
	9：00	清理鹅粪
	10：00	对鹅群进行带鹅消毒（每周一次） 对挑出的弱小和生病的个体进行单独饲养
	13：00	巡视观察鹅群
	15：00	填写饲养记录
	17：00	喂料，准备第二天的饲料
	19：00	检查巡视鹅群
	21：00	巡视观察鹅群，饲养员休息

日程管理篇　温馨小贴士

特别提示	此时鹅陆续开始产蛋，晚上增加光照时间，本周光照时间 14.5 小时
难点提示	◆ **产蛋前期饲养应该注意哪些事项？** 　　1. 此时鹅已达体成熟和性成熟，鹅群已陆续开产并且产蛋率迅速增加，此阶段饲养管理的重点是关注产蛋率及蛋重的上升趋势，随之增加饲喂量和提高营养水平，尽快达到产蛋高峰。 　　2. 产蛋前期建议用产蛋期的饲养标准，特别要注意能量、蛋白质和钙、磷的水平，要求蛋白质含量 18%、钙 3.5%、磷 0.5%，不喂青饲料的鹅群须适量增加维生素
备注	

产蛋期 第31周	⏱ 时间记录	_____年____月____日
	☀ 天气记录	室外温度_____℃ 湿　　度_____% 室内温度_____℃ 湿　　度_____%

日操作安排	6：00	捡蛋，巡视鹅群 喂料、饮水
	8：00	清理舍内卫生 巡视观察鹅群
	9：00	清理鹅粪
	10：00	对鹅群进行带鹅消毒（每周一次）
	13：00	巡视观察鹅群
	15：00	填写饲养记录
	17：00	喂料，准备第二天的饲料
	19：00	检查巡视鹅群
	21：00	巡视观察鹅群，饲养员休息

日程管理篇

温馨小贴士

产蛋期

特别提示	本周光照时间 15 小时
知识窗	◆ 发生初产母鹅脱肛的原因有哪些？ 　　主要诱因为：①母鹅过肥或密度过大；②母鹅开产后喂料量骤增；③日粮中蛋白质含量过高，维生素 A 和维生素 E 相对缺乏；④光照不当；⑤母鹅产蛋时突然应激和一些疾病方面的因素，如输卵管炎、泄殖腔炎症等。在实际生产中，脱肛母鹅一般无治疗价值。因此，要根据实际饲养情况预防母鹅脱肛，保持鹅舍环境的安静，控制母鹅体重，控制日粮中蛋白质含量及饲喂量，采用合理的光照程序等
备注	

产蛋期 第32周

⏲ 时间记录	____年____月____日
☼ 天气记录	室外温度________℃ 湿　　度________% 室内温度________℃ 湿　　度________%

日操作安排		
	6：00	捡蛋，巡视鹅群 喂料、饮水
	8：00	清理舍内卫生 巡视观察鹅群
	9：00	清理鹅粪
	10：00	对鹅群进行带鹅消毒（每周一次）
	13：00	巡视观察鹅群
	15：00	填写饲养记录
	17：00	喂料，准备第二天的饲料
	19：00	检查巡视鹅群
	21：00	巡视观察鹅群，饲养员休息

日程管理篇　温馨小贴士

第 **32** 周

产蛋期

特别提示	本周光照时间 15.5 小时
知识窗	◆ **种鹅产蛋前期管理要点** 　　此段期间平均光照 14 小时，并应从短到长逐渐增加，每周增加 0.5 小时。此期间鹅蛋越大，增产势头愈快，说明饲养管理愈好。每月抽样称重（在早晨鹅空腹时）一次，如果平均体重接近标准体重时，说明饲养管理得当；超过标准体重，说明营养过剩，应减料或增加粗料比例；如果低于标准体重，说明营养不足，应提高饲料质量
备注	

⏰ 时间记录	＿＿＿年＿＿月＿＿日
☀ 天气记录	室外温度＿＿＿＿＿℃ 湿　　度＿＿＿＿＿% 室内温度＿＿＿＿＿℃ 湿　　度＿＿＿＿＿%

日操作安排	6：00	捡蛋，巡视鹅群 喂料、饮水
	8：00	清理舍内卫生 巡视观察鹅群
	9：00	清理鹅粪
	10：00	对鹅群进行带鹅消毒（每周一次）
	13：00	巡视观察鹅群
	15：00	填写饲养记录
	17：00	喂料，准备第二天的饲料
	19：00	检查巡视鹅群
	21：00	巡视观察鹅群，饲养员休息

日程管理篇　温馨小贴士　第**33**周

产蛋期

特别提示	本周光照时间 16 小时
知识窗	◆ **钙、磷不足对动物的影响** 　　1. 幼禽在生长时需要较多的钙、磷来形成骨骼，如饲料中钙、磷供应不足，则生长缓慢，严重时可患佝偻病。 　　2. 成年动物钙、磷不足时，则易患骨质疏松症（溶骨症）。这多发生于母畜妊娠后期及产后，以及产蛋母禽。 　　3. 产蛋母禽缺钙时，产软壳蛋、薄壳蛋，产蛋量和孵化率都下降
备注	

⏱ 时间记录	_____年_____月_____日
☀ 天气记录	室外温度_____℃ 湿　　度_____% 室内温度_____℃ 湿　　度_____%

日操作安排	6：00	捡蛋，巡视鹅群 喂料、饮水
	8：00	清理舍内卫生 巡视观察鹅群
	9：00	清理鹅粪
	10：00	对鹅群进行带鹅消毒（每周一次）
	13：00	巡视观察鹅群
	15：00	填写饲养记录
	17：00	喂料，准备第二天的饲料
	19：00	检查巡视鹅群
	21：00	巡视观察鹅群，饲养员休息

特别提示	光照维持在 16 小时
知识窗	◆ **维生素知识** 　　维生素是维持正常生理活动和产蛋、生长、繁殖所必需的营养物质。鹅不能自己合成维生素，需要从饲料中吸取。如果饲料中某种维生素缺乏，就会引起病变。 　　维生素有以下两大类。一类是水溶性维生素，包括维生素 B_1、维生素 B_2、维生素 B_6、维生素 B_{12}、泛酸、叶酸、胆碱、烟酸、生物素等，还有维生素 C。这类维生素除 B_{12} 外，供应量超过需要量的部分很快从尿中排出，因此，必须由饲料不断补充，防止缺乏症的发生。一类是脂溶性维生素，包括维生素 A、维生素 D、维生素 E、维生素 K。这类维生素与脂肪同时存在，如果条件不利于脂肪的吸收时，维生素的吸收也受到影响。脂溶性维生素可在体内贮存，较长时间缺乏时才会出现临床症状
备注	

⏱ 时间记录	＿＿＿年＿＿＿月＿＿＿日
☀ 天气记录	室外温度＿＿＿＿℃ 湿　　度＿＿＿＿% 室内温度＿＿＿＿℃ 湿　　度＿＿＿＿%

日操作安排	6：00	捡蛋，巡视鹅群 喂料、饮水
	8：00	清理舍内卫生 巡视观察鹅群
	9：00	清理鹅粪
	10：00	对鹅群进行带鹅消毒（每周一次）
	13：00	巡视观察鹅群
	15：00	填写饲养记录
	17：00	喂料，准备第二天的饲料
	19：00	检查巡视鹅群
	21：00	巡视观察鹅群，饲养员休息

日程管理篇 温馨小贴士 第**35**周

产蛋期

特别提示	要及时捡蛋，光照 16 小时
知识窗	◆ **鹅常用的矿物质饲料** 　　鹅日粮中常用的矿物质补充料有食盐、骨粉、贝壳粉、石粉等。 　　1. 产蛋鹅饲料中食盐的用量约为饲料的 0.3％。 　　2. 骨粉及磷酸氢钙是钙与磷平衡的矿物质补充料。骨粉用量 1％～2.6％，磷酸氢钙的用量占日粮的 1％～1.5％。 　　3. 贝壳粉、石粉的主要成分均为碳酸钙，是钙的良好补充料。产蛋鹅贝壳粉和石粉的喂量为 6％～9％。 　　另外，沙砾对鹅来说也很重要，其主要作用是帮助鹅的肌胃研磨饲料，提高饲料的消化率。在放牧条件下，鹅群自行采食沙砾，通常不会缺乏。但长期舍饲，应在日粮中加入 1％～2％的沙砾，或在舍内设沙盘，任其自由采食
备注	

产蛋期 第**36**周	⏱ 时间记录	＿＿＿年＿＿月＿＿日
	☀ 天气记录	室外温度＿＿＿＿＿＿℃ 湿　　　度＿＿＿＿＿＿％ 室内温度＿＿＿＿＿＿℃ 湿　　　度＿＿＿＿＿＿％

日操作安排	6：00	捡蛋，巡视鹅群 喂料、饮水
	8：00	清理舍内卫生 巡视观察鹅群
	9：00	清理鹅粪
	10：00	对鹅群进行带鹅消毒（每周一次）
	13：00	巡视观察鹅群
	15：00	填写饲养记录
	17：00	喂料，准备第二天的饲料
	19：00	检查巡视鹅群
	21：00	巡视观察鹅群，饲养员休息

日程管理篇 温馨小贴士 第**36**周

产蛋期

特别提示	种鹅进入产蛋高峰，应注意加强营养
知识窗	◆ **全进全出饲养制度** 　　指在同一栋鹅舍或在同一鹅场只饲养同一批次、同一日龄的鹅，同时进场、同时出栏的管理制度。两批次之间空闲两周以上，保证场内房舍、设备、用具等的彻底清扫、冲洗、消毒。 　　实行全进全出的好处： 　　1. 能有效控制鹅病　能彻底打扫卫生、清洗、消毒，切断病原的循环感染，保证鹅群健康。 　　2. 便于饲养管理　整栋或整场都饲养相同日龄的鹅，雏鹅同时进场，温度控制、饲料配制与使用、免疫接种等工作都变得单一，容易操作。在鹅舍清洗、消毒期间，还可以全面维修设备，进行比较彻底的灭蝇、灭鼠等卫生工作
备注	

产蛋期 第**37**周	⏰ 时间记录	____年____月____日
	☀ 天气记录	室外温度_____℃ 湿　　度_____% 室内温度_____℃ 湿　　度_____%

日操作安排	6：00	捡蛋，巡视鹅群 喂料、饮水
	8：00	清理舍内卫生 巡视观察鹅群
	9：00	清理鹅粪
	10：00	对鹅群进行带鹅消毒（每周一次）
	13：00	巡视观察鹅群
	15：00	填写饲养记录
	17：00	喂料，准备第二天的饲料
	19：00	检查巡视鹅群
	21：00	巡视观察鹅群，饲养员休息

日程管理篇　温馨小贴士　第**37**周　产蛋期

特别提示	产蛋进入高峰期，让其自由采食
重点提示	◆ **种鹅产蛋高峰期营养要求** 　　进入产蛋高峰期时，日粮中粗蛋白质水平应增加到 19％～20％，如果日粮中必需氨基酸比较平衡，蛋白质水平控制在 17％～18％也能保持较高的产蛋水平
备注	

产蛋期

第**38**周

⏰ 时间记录	_____年_____月_____日
☀ 天气记录	室外温度_____℃ 湿　　度_____% 室内温度_____℃ 湿　　度_____%

日操作安排

时间	操作内容
6：00	捡蛋，巡视鹅群 喂料、饮水
8：00	清理舍内卫生 巡视观察鹅群
9：00	清理鹅粪
10：00	对鹅群进行带鹅消毒（每周一次）
13：00	巡视观察鹅群
15：00	填写饲养记录
17：00	喂料，准备第二天的饲料
19：00	检查巡视鹅群
21：00	巡视观察鹅群，饲养员休息

特别提示	要注意蛋白质饲料的品质，要使用蛋白质含量高且易消化利用的蛋白质饲料
知识窗	**◆ 产蛋鹅饲养方式（舍内饲养）** 　　又称为关养。一般鹅舍内采用厚垫草（料）饲养，或是网状地面饲养、栅状地面饲养。由于吃料、饮水、运动和休息全在鹅舍内进行，因此，饲养管理要求比较严格。舍内必须设置饮水和排水系统，采用垫料饲养的，垫料要厚，要经常翻动增添，必要时要翻晒，以保持垫料干燥、清洁。这种饲养方式的优点是可以人为地控制饲养环境，受自然界因素制约较少，有利于科学养鹅，达到稳产高产的目的，便于向大规模集约化生产过渡，增加饲养量，提高劳动效率；由于不外出放牧，减少寄生虫病和传染病感染的机会，从而提高成活率
备注	

○ 时间记录	_____年____月____日
☼ 天气记录	室外温度_____℃ 湿　　度_____% 室内温度_____℃ 湿　　度_____%

日操作安排	6：00	捡蛋，巡视鹅群 喂料、饮水
	8：00	清理舍内卫生 巡视观察鹅群
	9：00	清理鹅粪
	10：00	对鹅群进行带鹅消毒（每周一次）
	13：00	巡视观察鹅群
	15：00	填写饲养记录
	17：00	喂料，准备第二天的饲料
	19：00	检查巡视鹅群
	21：00	巡视观察鹅群，饲养员休息

特别提示	继续提供高品质饲料
知识窗	◆ **鹅场卫生防疫要求** 　　进鹅前必须对鹅舍及周围环境进行严格的彻底消毒，并对料槽、水槽消毒后用清水清洗，在日光下晒干备用。每周至少对鹅舍消毒1次，鹅舍周围每2～3周消毒1次。勤换垫料，保持舍内通风良好。 　　鹅场门口设消毒池或消毒间，进场人员及车辆应进行严格消毒，消毒液定期更换。外来人员不应随意进入生产区。特定情况下，严格消毒、穿戴隔离衣后方可进入。饲养人员进入鹅舍前应更换干净的工作服和工作鞋。舍内和水陆运动场至少每周消毒1次
备注	

产蛋期 第40周	⏱ 时间记录	＿＿＿年＿＿月＿＿日
	☀ 天气记录	室外温度＿＿＿＿℃ 湿　　度＿＿＿＿% 室内温度＿＿＿＿℃ 湿　　度＿＿＿＿%

日操作安排	6：00	捡蛋，巡视鹅群 喂料、饮水
	8：00	清理舍内卫生 巡视观察鹅群
	9：00	清理鹅粪
	10：00	对鹅群进行带鹅消毒（每周一次）
	13：00	巡视观察鹅群
	15：00	填写饲养记录
	17：00	喂料，准备第二天的饲料
	19：00	检查巡视鹅群，观察光照是否正常
	21：00	巡视观察鹅群，饲养员休息

日程管理篇　温馨小贴士　第**40**周

特别提示	产蛋高峰期，注意饲料品质
知识窗	◆ **种蛋产蛋期管理要点** 　　母鹅开产后，放牧时不要急赶、惊吓，不能走陡坡陡坎，以防母鹅受伤造成难产。产蛋期种鹅通过前期的调教饲养，形成的放牧、采食、休息等生活规律，要保持相对稳定，不能经常更改。饲料原料的种类和光照、作息时间也应保持相对稳定，如突然改变会引起产蛋率下降。产蛋鹅一般在凌晨 1～5 时大量产蛋。此时夜深人静，没有吵扰，可安静地产蛋。如此时周围环境有响动、人的进出、老鼠及鸟兽窜出窜进，则会引起母鹅骚乱、惊群，影响产蛋
备注	

⏰ 时间记录	_____年_____月_____日
☀ 天气记录	室外温度_____℃ 湿　　度_____% 室内温度_____℃ 湿　　度_____%

	时间	内容
日操作安排	6：00	捡蛋，巡视鹅群 喂料、饮水
	8：00	清理舍内卫生 巡视观察鹅群
	9：00	清理鹅粪
	10：00	对鹅群进行带鹅消毒（每周一次）
	13：00	巡视观察鹅群
	15：00	填写饲养记录
	17：00	喂料，准备第二天的饲料
	19：00	检查巡视鹅群，观察光照是否正常
	21：00	巡视观察鹅群，饲养员休息

特别提示	提供稳定的光照（16小时光照）
知识窗	◆ **产蛋鹅的合理补料** 　　1. 看膘情补料　喂得过肥的母鹅，卵巢和输卵管周围沉积了大量脂肪，产蛋量大大降低，甚至停产；过瘦也导致母鹅减产或停产。因此，对过肥鹅要适当减少或停喂精饲料，圈养的母鹅适当增加运动或放牧；过瘦母鹅要及时增喂精饲料，注意增加日粮中蛋白质的含量。 　　2. 看粪便状态补料　如果排出的粪便粗大、松软、呈条状，表面有光泽，轻轻拨动能使粪便分成几段，说明营养适合，消化正常。若排出的粪便细小结实、颜色发黑，轻轻拨动粪便后，断面呈颗粒状，表明精饲料喂量过多，应增加青饲料的比重。要是排出的粪便颜色浅、不成形、一排出就散开，说明精饲料喂量不足，青饲料喂量过多，应补喂精饲料。 　　3. 看蛋的形状和重量补料　产蛋鹅对蛋白质、碳水化合物、矿物质及维生素的需要较多。如果产蛋鹅摄入的饲料营养物质不足，蛋壳会变薄，蛋也较小，这时须饲喂豆饼、花生麸、鱼粉等含蛋白质丰富的饲料，同时适当注意添加矿物质饲料
备注	

⏱ 时间记录	＿＿＿年＿＿＿月＿＿＿日
☀ 天气记录	室外温度＿＿＿＿＿℃ 湿　　度＿＿＿＿＿% 室内温度＿＿＿＿＿℃ 湿　　度＿＿＿＿＿%

日操作安排	6：00	捡蛋，巡视鹅群 喂料、饮水
	8：00	清理舍内卫生 巡视观察鹅群
	9：00	清理鹅粪
	10：00	对鹅群进行带鹅消毒（每周一次）
	13：00	巡视观察鹅群
	15：00	填写饲养记录
	17：00	喂料，准备第二天的饲料
	19：00	检查巡视鹅群，观察光照是否正常
	21：00	巡视观察鹅群，饲养员休息

特别提示	饲料质量和营养要保持稳定
知识窗	◆ **提高蛋鹅产蛋量应采取哪些措施？** 　　消除产生应激的因素：①改善鹅舍的通风、透气性能，防止过分潮湿和氨气浓度超标；②注意防寒、防暑和气候变化，防止忽冷忽热；③保持安静，防止噪声和骚扰；④保持合适的饲养密度，防止拥挤；⑤根据蛋鹅的不同产蛋时期，制订科学合理的饲料配方，满足产蛋期的营养需要，避免大幅度地调整饲料品种或降低营养水平，杜绝饲喂霉变或劣质饲料；⑥保证饲养人员和作息时间的相对稳定；⑦避免在鹅舍内追逐捕捉病鹅，尽量避免对全群鹅的注射治疗，免疫接种应在开产前完成
备注	

⏱ 时间记录	_____年____月____日
☀ 天气记录	室外温度_____℃ 湿　　度_____% 室内温度_____℃ 湿　　度_____%

日 操 作 安 排	6：00	捡蛋，巡视鹅群 喂料、饮水
	8：00	清理舍内卫生 巡视观察鹅群
	9：00	清理鹅粪
	10：00	对鹅群进行带鹅消毒（每周一次）
	13：00	巡视观察鹅群
	15：00	填写饲养记录
	17：00	喂料，准备第二天的饲料
	19：00	检查巡视鹅群，观察光照是否正常
	21：00	巡视观察鹅群，饲养员休息

特别提示	要注意防止饲料霉变
知识窗	◆ **种鹅常用的蛋白质饲料** 　　1. 大豆粕　豆粕干物质中蛋白质含量在 45% 以上，并含有较多的淀粉和糖类，是我国普遍应用的优质蛋白质补充饲料。 　　2. 花生粕　粗蛋白质含量与豆粕相似，适口性较好，是鹅较好的常用蛋白质饲料。 　　3. 棉仁粕、菜籽粕　粗蛋白质含量低于豆粕。棉仁粕含有棉酚，菜籽粕含有芥子苷，鹅对这两种毒性成分的耐受力较低，须经高温处理后方可饲用。一般用量不宜超过 10%。 　　4. 动物性蛋白质饲料　主要指鱼粉、蚕蛹、虾糠、血粉。动物性蛋白质饲料不但蛋白质含量高，而且含有特别丰富的赖氨酸、蛋氨酸和色氨酸，还富含钙、磷和维生素
备注	

⏰ 时间记录	_____年____月____日
☀ 天气记录	室外温度_____℃ 湿　　度_____% 室内温度_____℃ 湿　　度_____%

日操作安排	6：00	捡蛋，巡视鹅群 喂料、饮水
	8：00	清理舍内卫生 巡视观察鹅群
	9：00	清理鹅粪
	10：00	对鹅群进行带鹅消毒（每周一次）
	13：00	巡视观察鹅群
	15：00	填写饲养记录
	17：00	喂料，准备第二天的饲料
	19：00	检查巡视鹅群，观察光照是否正常
	21：00	巡视观察鹅群，饲养员休息

特别提示	捡蛋时注意蛋的品质是否发生变化，检查是否出现软壳蛋、沙皮蛋等，便于及时发现问题
知识窗	◆ **鹅的日粮配合应遵循以下基本原则** 　1. 科学性　日粮配合的依据是鹅的饲养标准和营养价值表。 　2. 实用性　因地制宜，充分利用当地饲料资源，同时应考虑到饲料成本和经济效益。 　3. 经济性　日粮配合必须考虑到鹅的生理特点、生产用途、品种性能和环境季节的差异。 　4. 多样化　饲料要力求多样化，不同饲料种类的营养成分不同，多种饲料可起到营养互补的作用，以提高饲料的利用率。 　5. 灵活性　日粮配方可按饲养效果、饲养管理经验、生产季节和养鹅户的生产水平进行适当的调整，但调整的幅度不宜过大，一般控制在10%以下
备注	

<table>
<tr><td rowspan="3">产蛋期</td><td rowspan="3">第45周</td><td colspan="2">🕐 时间记录</td><td colspan="2">_____年_____月_____日</td></tr>
<tr><td colspan="2" rowspan="2">☀ 天气记录</td><td>室外温度_____℃</td></tr>
<tr><td>湿　　度_____%
室内温度_____℃
湿　　度_____%</td></tr>
</table>

	时间	操作内容
日操作安排	6：00	捡蛋，巡视鹅群 喂料、饮水
	8：00	清理舍内卫生 巡视观察鹅群
	9：00	清理鹅粪
	10：00	对鹅群进行带鹅消毒（每周一次）
	13：00	巡视观察鹅群
	15：00	填写饲养记录
	17：00	喂料，准备第二天的饲料
	19：00	检查巡视鹅群，观察光照是否正常
	21：00	巡视观察鹅群，饲养员休息

特别提示	注意饲料的营养水平不能下降，应尽量延长产蛋高峰期
知识窗	◆ **评价鹅蛋质量的指标** 　　1. 蛋形指数　纵径与横径之比。一般在 1.3 左右。 　　2. 蛋壳强度　蛋壳耐压力的大小。耐压力纵轴＞横轴。 　　3. 蛋壳厚度　钝端、锐端、中部的平均值。 　　4. 蛋的密度　密度越小蛋越不新鲜，采用盐水漂浮法测定。 　　5. 蛋壳色泽　白、褐、粉、绿。 　　6. 哈氏单位　哈氏单位越高，蛋白黏稠度越大，蛋品质越好。 　　7. 蛋黄色泽　色泽越浓品质越好。 　　8. 血斑、肉斑　排卵时微血管出血形成血斑，变质血液或黏膜上皮组织脱落形成肉斑。斑越多品质越差
备注	

⏰ 时间记录	＿＿＿年＿＿月＿＿日
☀ 天气记录	室外温度＿＿＿＿℃ 湿　度＿＿＿＿％ 室内温度＿＿＿＿℃ 湿　度＿＿＿＿％

日操作安排	6：00	捡蛋，巡视鹅群 喂料、饮水
	8：00	清理舍内卫生 巡视观察鹅群
	9：00	清理鹅粪
	10：00	对鹅群进行带鹅消毒（每周一次）
	13：00	巡视观察鹅群
	15：00	填写饲养记录
	17：00	喂料，准备第二天的饲料
	19：00	检查巡视鹅群，观察光照是否正常
	21：00	巡视观察鹅群，饲养员休息

特别提示	饲料里面要注意添加提高繁殖力的营养物质，如维生素E、乙酰胆碱等。
知识窗	**◆ 如何养好种鹅?** 　　1. 选优弃劣　种鹅的选择强度比较大，经过育雏、育成及产前的3次选择，应淘汰不符合品种特征、健康状况不理想的种鹅，一般淘汰比例为总数的25%～30%。 　　2. 养好公鹅　种蛋受精率的高低，商品后代生产性能充分发挥与否与公鹅好坏有很大的关系。公鹅必须体质强壮、性器官发育健全、性欲旺盛、精子活力高。种公鹅应早于母鹅1～2个月孵出，育成阶段与母鹅分开饲养为宜。为使其体质健壮，应多锻炼、多活动、多采食野生饲料，应以旱地放牧为主。配种前20天，与母鹅合群，此时应多放水，少关饲，促进其性欲旺盛
备注	

⏱ 时间记录	＿＿＿年＿＿月＿＿日
☀ 天气记录	室外温度＿＿＿＿＿℃ 湿　　度＿＿＿＿＿％ 室内温度＿＿＿＿＿℃ 湿　　度＿＿＿＿＿％

日 操 作 安 排	6：00	捡蛋，巡视鹅群 喂料、饮水
	8：00	清理舍内卫生 巡视观察鹅群
	9：00	清理鹅粪
	10：00	对鹅群进行带鹅消毒（每周一次）
	13：00	巡视观察鹅群
	15：00	填写饲养记录
	17：00	喂料，准备第二天的饲料
	19：00	检查巡视鹅群，观察光照是否正常
	21：00	巡视观察鹅群，饲养员休息

特别提示	做好下周注射禽流感疫苗的准备工作
知识窗	**◆ 如何养好种鹅？（续）** 　　3. 合理公、母鹅配比　种蛋受精率的高低，与公、母鹅配比也有关系。应根据公鹅的体质、气温、实际受精率等因素来确定或调整公、母比例。 　　4. 加强营养　种鹅的营养应在蛋鹅的基础上添加多维，尤其是可提高种蛋受精率、孵化率的维生素E，每千克饲料中维生素E含量为25毫克。蛋白质原料应以含蛋氨酸和色氨酸高且平衡的豆粕及鱼粉为主。 　　5. 作好日常工作　延长水上运动时间，提供尽可能多的配种机会；早放迟关，增加户外活动时间；加强舍内通风，保持舍内垫料的清洁、干燥，尤其是鹅产蛋的地方。及时收集种蛋，不使其受潮、受晒，受粪便污染
备注	

⏱ 时间记录	____年____月____日
☀ 天气记录	室外温度_____℃ 湿　　度_____% 室内温度_____℃ 湿　　度_____%

日操作安排	6：00	捡蛋，巡视鹅群 喂料、饮水
	8：00	清理舍内卫生 巡视观察鹅群
	9：00	清理鹅粪
	10：00	对鹅群进行带鹅消毒（每周一次）
	13：00	巡视观察鹅群
	15：00	注射禽流感疫苗，填写饲养记录
	17：00	喂料，准备第二天的饲料
	19：00	检查巡视鹅群，观察光照是否正常
	21：00	巡视观察鹅群，饲养员休息

日程管理篇　　温馨小贴士　　第**48**周

产蛋期

特别提示	本周注射禽流感疫苗，皮下注射，每只1.5毫升

◆ **影响种蛋受精率的主要因素**

1. 遗传因素　受精率的遗传力很低。从受精率的遗传潜力来看，产蛋后期种蛋受精率明显下降。青年种鹅所产蛋较老龄鹅的受精率为高，第一年受精率最高，第二年下降。

2. 饲养因素　种鹅日粮营养成分不全面，或者缺乏与繁殖有关的维生素A、维生素D_3、维生素E、维生素B_{12}、泛酸、生物素、吡哆醇和锰等营养物质，会影响受精率。

3. 管理因素　放牧饲养优于舍饲饲养。饲养密度过大、垫料潮湿、光照管理混乱，以及种鹅的体重太大、太肥等因素也影响受精率。

4. 繁殖技术　配种方式不同受精率也有差异，大群配种比小间配种的受精率高；公、母比例不当，公鹅过多、过小也会影响受精率。

5. 其他因素　母鹅感染大肠杆菌病以及不同的季节等均影响种蛋受精率

备注

产蛋期 第49周	⏱ 时间记录	____年____月____日
	☀ 天气记录	室外温度_____℃ 湿　　度_____% 室内温度_____℃ 湿　　度_____%

日操作安排		
	6：00	捡蛋，巡视鹅群 喂料、饮水
	8：00	清理舍内卫生 巡视观察鹅群
	9：00	清理鹅粪
	10：00	对鹅群进行带鹅消毒（每周一次）
	13：00	巡视观察鹅群
	15：00	填写饲养记录
	17：00	喂料，准备第二天的饲料
	19：00	检查巡视鹅群，观察光照是否正常
	21：00	巡视观察鹅群，饲养员休息

日程管理篇

温馨小贴士

第**49**周

产蛋期

特别提示	产蛋期间保持光照的稳定（16 小时光照）

◆ 育成鹅与产蛋鹅光照有何不同？

　　在育成期内，控制光照时间目的是防止青年鹅的性腺提早发育，过于早熟；即将进入产蛋期时，要有计划地逐步增加光照时间，提高光照强度，目的是促进卵巢的发育，达到适时开产；进入产蛋高峰期后，要稳定光照制度（光照时间和光照强度），目的是保持连续高产。

　　进入产蛋期的光照原则是只宜逐渐延长，直至达到每昼夜光照 16～17 小时，不可忽照忽停，忽早忽晚，光照强度不可时强时弱，只许渐强，否则将使产蛋鹅的生理机能受到干扰，影响产蛋率。合理的光照制度，能使青年鹅适时开产，使产蛋鹅提高产蛋量；不合理的光照制度，会使青年鹅的性成熟提前或推迟，使产蛋鹅减产停产，甚至造成换羽

知识窗

备注	

产蛋期	第**50**周	⏰ 时间记录	＿＿＿年＿＿月＿＿日
		☀ 天气记录	室外温度＿＿＿＿℃ 湿　　度＿＿＿＿% 室内温度＿＿＿＿℃ 湿　　度＿＿＿＿%

	时间	操作内容
日操作安排	6：00	捡蛋，巡视鹅群 喂料、饮水
	8：00	清理舍内卫生 巡视观察鹅群
	9：00	清理鹅粪
	10：00	对鹅群进行带鹅消毒（每周一次）
	13：00	巡视观察鹅群
	15：00	填写饲养记录
	17：00	喂料，准备第二天的饲料
	19：00	检查巡视鹅群，观察光照是否正常
	21：00	巡视观察鹅群，饲养员休息

特别提示	做好下周注射小鹅瘟疫苗的准备工作

◆ **提高饲料蛋白质利用率的措施**

1. 配合日粮时饲料应多样化。

2. 补饲氨基酸添加剂。

3. 日粮中的能量蛋白比要适当。

4. 控制日粮中的粗纤维含量。

5. 掌握日粮中蛋白质的水平。日粮蛋白质含量合理、品质好，蛋白质转化率就高，蛋白质过多，转化率反而下降，造成浪费。

6. 保证与蛋白质代谢有关的维生素和微量元素的供应，若饲料中维生素 A、维生素 B_{12} 及铁、铜、钴等供应不足，要进行添加

知识窗

备注

产蛋期 第51周	⏰ 时间记录	_____年_____月_____日
	☀ 天气记录	室外温度_____℃ 湿　　度_____% 室内温度_____℃ 湿　　度_____%

日操作安排	6：00	捡蛋，巡视鹅群 喂料、饮水
	8：00	清理舍内卫生 巡视观察鹅群
	9：00	清理鹅粪
	10：00	对鹅群进行带鹅消毒（每周一次）
	13：00	巡视观察鹅群
	15：00	填写饲养记录
	17：00	喂料，准备第二天的饲料
	19：00	检查巡视鹅群，观察光照是否正常
	21：00	巡视观察鹅群，饲养员休息

日程管理篇　温馨小贴士　第**51**周

产蛋期

特别提示	本周注射小鹅瘟疫苗,肌内注射,每只注射 5 羽份
知识窗	◆ **如何给鹅群提供舒适的产蛋环境？** 　　1. 饲料品种不可频繁变动，不喂霉变、劣质的饲料。 　　2. 操作规程和饲养环境尽量保持稳定，养鹅人员也要固定，不常更换。 　　3. 舍内环境要保持安静，尽力避免异常响声，不许外人随便进出鹅舍，不使鹅群突然受惊，特别是刚开产头几个蛋时，使之如期达到产蛋高峰。 　　4. 饲喂次数与饲喂时间相对不变，突然减少饲喂次数或改变饲喂时间均会使产蛋量下降。 　　5. 要尽力创造条件，提供理想的产蛋环境，特别注意由气候剧变所带来的影响。要留心天气预报，及时做好准备
备注	

第**52**周

⏰ 时间记录	_____年_____月_____日
☀ 天气记录	室外温度_____℃ 湿　　度_____% 室内温度_____℃ 湿　　度_____%

日操作安排	6：00	捡蛋，巡视鹅群 喂料、饮水
	8：00	清理舍内卫生 巡视观察鹅群
	9：00	清理鹅粪
	10：00	对鹅群进行带鹅消毒（每周一次）
	13：00	巡视观察鹅群
	15：00	注射小鹅瘟疫苗，填写饲养记录
	17：00	喂料，准备第二天的饲料
	19：00	检查巡视鹅群，观察光照是否正常
	21：00	巡视观察鹅群，饲养员休息

特别提示	舍内和运动场上的窝外蛋要及时捡走
知识窗	**◆ 如何减少窝外蛋?** 　　所谓窝外蛋,就是产在产蛋箱以外的蛋,或产在舍内地面和运动场内的蛋。由于窝外蛋比较脏,破损率较高,孵化率较差,并且又是疫病的传染源,在管理上应对窝外蛋引起足够的重视。其措施有以下几个方面: 　　1. 开产前尽早在舍内安放好产蛋箱,最迟不得晚于24周龄,每4～5只母鹅配备一个产蛋箱。 　　2. 随时保持产蛋箱内垫料新鲜、干燥、松软。 　　3. 放好的产蛋箱要固定,不能随意搬动。 　　4. 初产时,可在产蛋箱内设置一个"引蛋"。 　　5. 及时把舍内和运动场的窝外蛋捡走。 　　6. 严格按照作息程序规定的时间开关灯
备注	

◷ 时间记录	_____年_____月_____日
☀ 天气记录	室外温度_____℃ 湿　　度_____% 室内温度_____℃ 湿　　度_____%

	时间	日操作安排内容
日操作安排	6：00	捡蛋，巡视鹅群 喂料、饮水
	8：00	清理舍内卫生 巡视观察鹅群
	9：00	清理鹅粪
	10：00	对鹅群进行带鹅消毒（每周一次）
	13：00	巡视观察鹅群
	15：00	填写饲养记录
	17：00	喂料，准备第二天的饲料
	19：00	检查巡视鹅群，观察光照是否正常
	21：00	巡视观察鹅群，饲养员休息

日程管理篇　温馨小贴士　第**53**周

特别提示	搞好鹅舍的环境卫生，及时清理粪便
知识窗	◆ **如何管理就巢母鹅？** 　　经过人类长期驯养、驯化和选种、配种，蛋鹅已经丧失了就巢的本能，增长了鹅产蛋的时间，但生产实践中仍有一少部分鹅在日龄过大或气候炎热时出现就巢现象。发现就巢母鹅后应立即隔开饲养，前几天可限料粗放饲养，一周后用全价种蛋鹅料饲养，15～20天又开始产蛋。也可使用市场上出售的"醒抱灵"等药物，一旦发现母鹅就巢时，立即服用此药，有较明显的醒抱效果
备注	

⏰ 时间记录	_____年_____月_____日
☀ 天气记录	室外温度_____℃ 湿　　度_____% 室内温度_____℃ 湿　　度_____%

日操作安排	6：00	捡蛋，巡视鹅群 喂料、饮水
	8：00	清理舍内卫生 巡视观察鹅群
	9：00	清理鹅粪
	10：00	对鹅群进行带鹅消毒（每周一次）
	13：00	巡视观察鹅群
	15：00	填写饲养记录
	17：00	喂料，准备第二天的饲料
	19：00	检查巡视鹅群，观察光照是否正常
	21：00	巡视观察鹅群，饲养员休息

特别提示	捡蛋要及时，多观察鹅群状况，发现问题及时解决
知识窗	◆ **浓缩饲料** 　　是指由蛋白质饲料、矿物质饲料和添加剂预混料按一定比例配制的均匀混合物。 　　浓缩饲料不能直接饲喂，但按一定比例添加能量饲料就可以配制成营养全面的全价配合饲料。因此，又将浓缩饲料称为平衡用混合饲料。 　　一般情况，浓缩饲料占全价配合饲料的比例为20%～40%，其中的蛋白质含量在30%以上
备注	

◷ *时间记录*	＿＿＿年＿＿月＿＿日
☀ *天气记录*	室外温度＿＿＿＿＿＿℃ 湿　　度＿＿＿＿＿＿% 室内温度＿＿＿＿＿＿℃ 湿　　度＿＿＿＿＿＿%

日操作安排	6：00	捡蛋，巡视鹅群 喂料、饮水
	8：00	清理舍内卫生 巡视观察鹅群
	9：00	清理鹅粪
	10：00	对鹅群进行带鹅消毒（每周一次）
	13：00	巡视观察鹅群
	15：00	填写饲养记录
	17：00	喂料，准备第二天的饲料
	19：00	检查巡视鹅群，观察光照是否正常
	21：00	巡视观察鹅群，饲养员休息

特别提示	做好鹅舍的环境消毒工作
知识窗	◆ **鹅大肠杆菌病知识** 　　鹅大肠杆菌病是由致病性大肠杆菌引起的急性或慢性疾病的总称，各龄鹅都易感染。 　　1. 发病特点　各品种和年龄的鹅均可感染大肠杆菌，但多为2～6周龄鹅，发病季节以秋末、冬春多见，发病诱因常常是鹅场卫生条件差、潮湿、饲养密度大、通风不良等。 　　2. 症状　病鹅精神不振，食欲减退，严重的呼吸困难。初生雏鹅常因败血症而死亡。成年鹅喜卧，不愿动，腹部膨大，腹腔内有液体，后期腹泻、衰竭、脱水而死。产蛋母鹅患本病时，突然停止产蛋，康复后多不能恢复产蛋能力，病鹅产的种蛋孵化率低。公鹅阴茎肿大且部分外露。 　　3. 防治　改善饲养管理条件,搞好清洁卫生工作,消除发病诱因。鹅舍及用具等每15天消毒1次,发现病情则每周消毒两次。可用疫苗进行免疫接种,治疗可用恩诺沙星或氧氟沙星和青霉素配合使用,效果更佳
备注	

产蛋期 第**56**周

日操作安排	6：00	捡蛋，巡视鹅群 喂料、饮水
	8：00	清理舍内卫生 巡视观察鹅群
	9：00	清理鹅粪
	10：00	对鹅群进行带鹅消毒（每周一次）
	13：00	巡视观察鹅群
	15：00	填写饲养记录
	17：00	喂料，准备第二天的饲料
	19：00	检查巡视鹅群，观察光照是否正常
	21：00	巡视观察鹅群，饲养员休息

日程管理篇

温馨小贴士

特别提示	产蛋高峰期过后适当降低饲料营养水平
知识窗	◆ **如何识别母鹅开产?** 　　种鹅开始产蛋时羽毛紧凑,整洁美观,具光泽。产蛋后,羽毛逐渐由有光泽到光泽较差,头、颈部的羽毛收紧,看来头小尖细,颈部羽毛被公鹅交配时啄落而显得稀疏。嗉囊下垂,后臀部下垂接近地面,身体后部下沉水中较多。鹅产蛋15~20个后,其喙色显著变淡。肛门开始呈黄白色小圈,后为苍白色。喙角部和喙端、跖蹼等部分从30~60天开始褪色,90~150天内褪色仍持续;到150天后,最终固有色泽仅残留腿根部
备注	

产蛋期	第57周	⏱ 时间记录	_____年_____月_____日
		☀ 天气记录	室外温度_____℃ 湿　　度_____% 室内温度_____℃ 湿　　度_____%

日操作安排	6：00	捡蛋，巡视鹅群 喂料、饮水
	8：00	清理舍内卫生 巡视观察鹅群
	9：00	清理鹅粪
	10：00	对鹅群进行带鹅消毒（每周一次）
	13：00	巡视观察鹅群
	15：00	填写饲养记录
	17：00	喂料，准备第二天的饲料
	19：00	检查巡视鹅群，观察光照是否正常
	21：00	巡视观察鹅群，饲养员休息

特别提示	饲料营养水平不能降低太快

| 知识窗 | ◆ **鹅的球虫病知识**

　　球虫病一般在雨季多发，预防重点在育雏期及育成前期，然而在初春季节，尤其是产蛋期，球虫病的预防往往被养殖户忽视。一旦发病，会造成巨大的经济损失。因此，从初春起就应进行预防。

　　本病分布很广，是条件简陋鹅场的一种常见病、多发病，常呈地方流行，给养鹅业带来很大的威胁。所以，家庭养殖场因养殖条件有限尤其要注意对本病的预防。

　　平时要搞好鹅舍内的环境卫生，勤铺新的垫料，定期消毒。处理好保温与通风的关系，尽量增加通风量。合理设置饮水设备，避免漏水、冒水现象发生。提高蛋鹅的育成率，开产前淘汰发育不良的蛋鹅，产蛋高峰后及时淘汰低产鹅。定期在饲料及饮水中添加预防药物，产蛋前可用马杜拉霉素、氨丙啉、氯苯胍等药物交替使用进行预防，产蛋期间可用抗球灵饮水 |

备注	

⏱ 时间记录	_____年_____月_____日
☀ 天气记录	室外温度_____℃ 湿　　度_____% 室内温度_____℃ 湿　　度_____%

日操作安排	6：00	捡蛋，巡视鹅群 喂料、饮水
	8：00	清理舍内卫生 巡视观察鹅群
	9：00	清理鹅粪
	10：00	对鹅群进行带鹅消毒（每周一次）
	13：00	巡视观察鹅群
	15：00	填写饲养记录
	17：00	喂料，准备第二天的饲料
	19：00	检查巡视鹅群，观察光照是否正常
	21：00	巡视观察鹅群，饲养员休息

日程管理篇　温馨小贴士　第**58**周　产蛋期

特别提示	注意搞好鹅舍环境卫生，保证鹅舍干燥清洁
知识窗	◆ **如何确定鹅的饲养模式?** 　　鹅的饲养模式主要依据各地的气候、牧草资源和各单位的建筑设施、人力确定。目前一般采用 3 种饲养模式，第一种是前期舍饲，后期放牧；第二种是前期舍饲喂养，中期放牧，后期舍饲育肥；第三种是全程舍饲喂养，适当结合放牧。第一种模式为我国农村广大养鹅专业户广泛采用，因为这种形式所花饲料与工时较少，经济效益也较高。第二种模式与第一种模式所不同的是仅在鹅上市前 10～20 天对鹅进行短期舍饲催肥，以进一步使鹅毛足、体肥，肉质优良，效益提高。目前国内外养鹅生产中大量采用此方式。全程舍饲喂养虽然能使鹅迅速生长,但由于消耗饲料多,饲养成本高，通常在集约化饲养时采用。另外，养冬鹅时，因天气冷、没有青饲料，也可采用舍饲喂养
备注	

<table>
<tr><td rowspan="3">产蛋期</td><td rowspan="3">第59周</td><td>🕐 时间记录</td><td>_____年_____月_____日</td></tr>
<tr><td rowspan="2">☀ 天气记录</td><td>室外温度_____℃
湿　　度_____%
室内温度_____℃
湿　　度_____%</td></tr>
</table>

<table>
<tr><td rowspan="9">日操作安排</td><td>6：00</td><td>捡蛋，巡视鹅群
喂料、饮水</td></tr>
<tr><td>8：00</td><td>清理舍内卫生
巡视观察鹅群</td></tr>
<tr><td>9：00</td><td>清理鹅粪</td></tr>
<tr><td>10：00</td><td>对鹅群进行带鹅消毒（每周一次）</td></tr>
<tr><td>13：00</td><td>巡视观察鹅群</td></tr>
<tr><td>15：00</td><td>填写饲养记录</td></tr>
<tr><td>17：00</td><td>喂料，准备第二天的饲料</td></tr>
<tr><td>19：00</td><td>检查巡视鹅群，观察光照是否正常</td></tr>
<tr><td>21：00</td><td>巡视观察鹅群，饲养员休息</td></tr>
</table>

特别提示	做好弱残鹅整群的准备工作
知识窗	**◆ 高产鹅的特点** 　　1. 羽毛着生紧密、光泽好，羽毛的光泽与色素消退情况也可以作为判断鹅高产与低产的依据。 　　2. 胸骨硬而突出，肋骨硬而圆，肌肉结实。 　　3. 颈长、体躯长；眼睛突出有神。 　　4. 耻骨间距和耻骨与龙骨间距大，腹部宽大柔软。高产鹅腹部柔软，泄殖腔大而湿润，耻骨薄而柔软，并且有弹性，耻骨间距宽，至少可以并排容纳 4 个手指
备注	

产蛋期	第**60**周	☉ 时间记录	_____年____月____日
		※ 天气记录	室外温度_____℃ 湿　　度_____% 室内温度_____℃ 湿　　度_____%

日操作安排	6：00	捡蛋，巡视鹅群 喂料、饮水
	8：00	清理舍内卫生 巡视观察鹅群
	9：00	清理鹅粪
	10：00	对鹅群进行带鹅消毒（每周一次）
	13：00	巡视观察鹅群
	15：00	填写饲养记录
	17：00	喂料，准备第二天的饲料
	19：00	检查巡视鹅群，观察光照是否正常
	21：00	巡视观察鹅群，饲养员休息

特别提示	将鹅群进行一次淘汰，将不产蛋的个体挑出提前淘汰
知识窗	◆ 鱼粉介绍 1. 蛋白质含量丰富，优质鱼粉达 60%～65%。 2. 国产鱼粉仅为 40%左右，但优质的也可达到50%。 3. 蛋白质营养价值较高，是畜禽的最佳蛋白质补充料，饲用量通常可达饲粮的 2%～8%。 4. 鱼粉中钙、磷的含量很丰富，B族维生素也很丰富，是畜禽钙、磷的良好来源。 5. 鱼粉含有较多的脂肪，贮藏过久易发生氧化酸败，影响适口性，幼龄动物使用后可出现下痢，长期使用可使肉质变差。 目前市场上鱼粉掺假掺杂现象比较严重，掺假的原料有血粉、羽毛粉、皮革粉、尿素、硫酸铵、菜籽饼、棉籽饼、钙粉等
备注	

产蛋期 第**61**周	① 时间记录	_____年____月____日
	※ 天气记录	室外温度_____℃ 湿　　度_____% 室内温度_____℃ 湿　　度_____%

日操作安排	6：00	捡蛋，巡视鹅群 喂料、饮水
	8：00	清理舍内卫生 巡视观察鹅群
	9：00	清理鹅粪
	10：00	对鹅群进行带鹅消毒（每周一次）
	13：00	巡视观察鹅群
	15：00	填写饲养记录
	17：00	喂料，准备第二天的饲料
	19：00	检查巡视鹅群，观察光照是否正常
	21：00	巡视观察鹅群，饲养员休息

特别提示	到产蛋后期，产蛋率已经开始下降，根据产蛋下降程度及时调整营养
知识窗	**◆ 种鹅要不要"年年清"** 　　所谓"年年清"就是不论公、母种鹅，一到次年产蛋季节接近尾声和少数鹅开始换羽之际，即行全部淘汰，而重新选留当年的清明鹅或夏鹅作为后备种鹅的禽群更新制度，以求得较高的受精率和孵化率。这是一种淘汰制的做法，对于节省饲料、保持经济效益、充分利用棚舍设备和劳动力无疑是有利的，迄今仍为广大养鹅地区所沿用。 　　但也有少数地区有留养老鹅2～3年的习惯。从育种工作看，老鹅的产蛋量并不低于第一年，且蛋形大，孵出的雏鹅亦大，容易饲养且品质优良，对提高种鹅的生活力与产肉力有一定的价值。为了提高鹅群的产蛋量，从一年鹅中挑选那些体形好、换羽迟的母鹅，合理组织鹅群的年龄组分，无疑具有很大的促进作用
备注	

产蛋期	第62周	⏰ 时间记录	＿＿＿＿年＿＿＿月＿＿＿日
		☀ 天气记录	室外温度＿＿＿＿＿＿℃ 湿　　度＿＿＿＿＿＿% 室内温度＿＿＿＿＿＿℃ 湿　　度＿＿＿＿＿＿%

日操作安排	6：00	捡蛋，巡视鹅群 喂料、饮水
	8：00	清理舍内卫生 巡视观察鹅群
	9：00	清理鹅粪
	10：00	对鹅群进行带鹅消毒（每周一次）
	13：00	巡视观察鹅群
	15：00	填写饲养记录
	17：00	喂料，准备第二天的饲料
	19：00	检查巡视鹅群，观察光照是否正常
	21：00	巡视观察鹅群，饲养员休息

温馨小贴士

日程管理篇

第**62**周

特别提示	搞好鹅舍卫生
知识窗	◆ **种鹅产蛋后期饲养管理要点** 　　母鹅经过半年多的连续产蛋，体质下降，在夏至前后易发生停产换毛，此时在饲喂上应少喂玉米、稻谷，多喂配合饲料，尽快恢复体力，争取在下一个产蛋年多产蛋。 　　产蛋后期的饲养管理重点是根据产蛋后期鹅体重和产蛋率来确定饲料的质量及喂料量。若鹅群的产蛋率仍在 80％以上，而鹅的体重略有下降，应在饲料中适当添加动物性饲料；若体重增加，应将饲料中的代谢能适当降低或控制采食量；若体重正常，饲料中的粗蛋白质应比前一阶段略有增加。光照每天保持在 16 小时。每天在舍内赶鹅转圈运动 3 次，每次 5～10 分钟。蛋壳质量和蛋重下降时，补充鱼肝油和矿物质
备注	

产蛋期	第 63 周	⏰ 时间记录	_____年____月____日
		※ 天气记录	室外温度_____℃ 湿　　度_____% 室内温度_____℃ 湿　　度_____%

	时间	日操作安排
日操作安排	6：00	捡蛋，巡视鹅群 喂料、饮水
	8：00	清理舍内卫生 巡视观察鹅群
	9：00	清理鹅粪
	10：00	对鹅群进行带鹅消毒（每周一次） 剔除老弱病残的鹅
	13：00	巡视观察鹅群
	15：00	填写饲养记录
	17：00	喂料，准备第二天的饲料
	19：00	检查巡视鹅群，观察光照是否正常
	21：00	巡视观察鹅群，饲养员休息

日程管理篇　温馨小贴士　第**63**周　产蛋期

特别提示	做好鹅群淘汰或休产的准备
知识窗	◆ **维生素知识** 　1. 维生素 A　主要功能是保护皮肤和黏膜的发育和再生，增加对疾病的抵抗力、促进生长发育、提高繁殖率、调节体内代谢。 　2. 维生素 D　起着调节钙、磷代谢的功能，增加肠对钙、磷的吸收，控制肾脏对钙、磷的排泄和骨骼中钙、磷的贮存。 　3. 维生素 E　可以促进性腺发育和生殖功能，并有抗氧化作用和保护肝脏机能的作用。缺乏时公鹅睾丸退化，种蛋受精率、孵化率下降，肌肉营养不良，出现渗出性物质
备注	

🕐 时间记录	____年____月____日
☀ 天气记录	室外温度_____℃ 湿　　度_____% 室内温度_____℃ 湿　　度_____%

	6：00	巡视鹅群 喂料、饮水
	8：00	清理舍内卫生 巡视观察鹅群
	9：00	清理鹅粪
日操作安排	10：00	对鹅群进行带鹅消毒（每周一次）
	13：00	巡视观察鹅群
	15：00	填写饲养记录
	17：00	喂料，准备第二天的饲料
	19：00	检查巡视鹅群
	21：00	巡视观察鹅群，饲养员休息

日程管理篇

第**64**周

特别提示	及时淘汰老鹅，或对老鹅进行强制性换羽（对准备利用第二个产蛋年的种鹅）
知识窗	◆ **大豆饼、粕介绍** 　　1. 蛋白质含量丰富，高达 42%～48%，蛋白质营养价值很高。 　　2. 钙的含量不足，且钙、磷比例不适宜。 　　3. 维生素 B_{12} 缺乏。 　　4. 含有胰蛋白酶抑制因子、皂角苷、凝集素和脲酶等抗营养因子。 　　5. 大豆饼、粕是畜禽良好的蛋白质补充饲料，但大量饲喂大豆饼、粕会导致动物腹泻和肉脂变软，而降低胴体品质；在雏鸡中可能会引起"粪便黏着肛门"的现象。 　　6. 大豆饼、粕应与大麦、玉米等谷实饲料搭配饲喂，一般用量宜控制在饲粮的 25% 以下
备注	

五、商品仔鹅日程管理（70 天）

商品仔鹅的体重增长具有明显的规律性。雏鹅早期生长阶段绝对增重不多，一般 3 周龄后生长加快，4～7 周龄出现生长高峰期，8 周龄后生长速度减慢。一般商品仔鹅适宜屠宰期中小型品种以 9 周龄、大型品种不超过 10 周龄为宜。

根据肉鹅的生长发育规律和饲养管理特点，一般把商品仔鹅的饲养周期划分为育雏期、中雏期和育肥期 3 个阶段。0～4 周龄为育雏期，5～8 周龄为中雏期，9～10 周龄为育肥期。其中商品仔鹅育雏期的日程管理与"雏鹅日程管理"内容相同，此处不再赘述。

第 **5** 周龄

⏲ 时间记录	____年____月____日
☀ 天气记录	室外温度_____℃ 湿　　度_____% 室内温度_____℃ 湿　　度_____%

	时间	日操作安排
日操作安排	6：00	巡视鹅群，做好相关记录 喂中雏料 检查饮水设备，换水
	8：00	清理舍内外卫生
	9：00	巡视观察鹅群 喂青饲料
	10：00	对鹅群进行带鹅消毒（每周一次）
	13：00	巡视观察鹅群，对挑出的病弱个体单独饲养
	14：00	加中雏料，填写饲养记录
	15：00	清理鹅粪
	16：00	加青饲料、水
	17：00	准备第二天的精饲料和青饲料
	19：00	检查巡视鹅群
	20：00	加中雏料

日程管理篇　温馨小贴士　第 **5** 周龄

中雏期

特别提示	1. 转入中雏前要做好全群驱虫工作。 2. 40～45 日龄免疫接种新城疫Ⅰ系苗、鹅副黏病毒蜂胶灭活疫苗
知识窗	◆ **搞好防疫卫生** 　1. 放牧前注射接种新城疫Ⅰ系苗、鹅副黏病毒蜂胶灭活疫苗。 　2. 严禁在疫区放牧。 　3. 定期驱除体内、外寄生虫。 　4. 做好舍内卫生清洁工作，垫草要勤换。 　5. 放牧时要预防农药和化肥中毒事故发生。 　6. 饲养用具要定期消毒，防止鼠害、兽害
备注	

中雏期	第**6**周龄	⏱ 时间记录	_____年____月____日
		☀ 天气记录	室外温度_____℃ 湿　　度_____% 室内温度_____℃ 湿　　度_____%

	时间	操作内容
日操作安排	6：00	巡视鹅群，做好相关记录 喂中雏料 检查饮水设备，换水
	8：00	清理舍内外卫生
	9：00	巡视观察鹅群 喂青饲料
	10：00	对鹅群进行带鹅消毒（每周一次）
	13：00	巡视观察鹅群，对挑出的病弱个体单独饲养
	14：00	加中雏料，填写饲养记录
	15：00	清理鹅粪
	16：00	加青饲料、饮水
	17：00	准备第二天的精饲料和青饲料
	19：00	检查巡视鹅群
	20：00	加中雏料

特别提示	饲养 70 天需备青饲料每只 50 千克
知识窗	◆ 中雏鹅饲养管理要点 　　1. 分群管理。一般放牧鹅 250～300 只、舍饲鹅 50～80 只为一群，并做好大小、强弱仔鹅的分群。 　　2. 保证一定的运动量，每天进行适度的运动与光照。 　　3. 饲养人员、饲料和牧草、喂料和清洁卫生时间等保持基本恒定的饲养管理制度。 　　4. 保持环境卫生。舍内及运动场地也要保持清洁卫生，并定期进行消毒处理，垫草要勤换
备注	

中雏期	第 **7** 周龄	⏱ 时间记录	____年____月____日
		☀ 天气记录	室外温度_____℃ 湿　　度_____% 室内温度_____℃ 湿　　度_____%

日操作安排	6：00	巡视鹅群，做好相关记录 喂中雏料 检查饮水设备，换水
	8：00	清理舍内外卫生
	9：00	巡视观察鹅群 喂青饲料
	10：00	对鹅群进行带鹅消毒（每周一次）
	13：00	巡视观察鹅群，对挑出的病弱个体单独饲养
	14：00	加中雏料，填写饲养记录
	15：00	清理鹅粪
	16：00	加青饲料、饮水
	17：00	准备第二天的精饲料和青饲料
	19：00	检查巡视鹅群
	20：00	加中雏料

特别提示	注意保证理想的育肥环境，在较暗的光线下减少鹅的运动和光照，促使其多增重
知识窗	◆ 中雏鹅适宜的环境条件 　　1. 温度　最适宜的温度范围 10～25℃。 　　2. 湿度　保持地面干燥，适宜湿度为 50%～65%。 　　3. 通风　做好通风换气，使鹅舍每立方米空间含氨气浓度 20 克以下。 　　4. 光照　光照强度要小，一般在 1～2 勒克斯，使管理者能够看到操作即可。 　　5. 密度　一般每平方米地面平养 5～10 只、网上平养 6 只、笼养 8～12 只仔鹅
备注	

中雏期 第**8**周龄	⏱ **时间记录**	_____年_____月_____日
	☀ **天气记录**	室外温度_____℃ 湿　　度_____% 室内温度_____℃ 湿　　度_____%

日操作安排	6：00	巡视鹅群，做好相关记录 喂中雏料 检查饮水设备，换水
	8：00	清理舍内外卫生
	9：00	巡视观察鹅群 喂青饲料
	10：00	对鹅群进行带鹅消毒（每周一次）
	13：00	巡视观察鹅群，对挑出的病弱个体单独饲养
	14：00	加中雏料，填写饲养记录
	15：00	清理鹅粪
	16：00	加青饲料、饮水
	17：00	准备第二天的精饲料和青饲料
	19：00	检查巡视鹅群
	20：00	加中雏料

特别提示	1. 60 日龄开始过渡更换成育肥期饲料。 2. 育肥期日粮组成：前期精料 60％、粗饲料 40％；后期精料 80％、粗饲料 20％
知识窗	◆ **育肥鹅营养与饲料** 　　1. 育肥鹅营养水平　每千克日粮含代谢能 11.7 兆焦、粗蛋白质 18％、粗纤维 6.0％、钙 1.2％、磷 0.8％。 　　2. 精料参考配方　玉米 60％、豆粕 10％、棉仁（菜籽）粕 5％、麸皮 16.5％、米糠 4％、食盐 0.5％、预混料 1％、贝壳粉 3％
备注	

<table>
<tr><td rowspan="4">育肥期</td><td rowspan="4">第 **9** 周龄</td><td colspan="2">🕐 **时间记录** _____年____月____日</td></tr>
<tr><td rowspan="3">☀ **天气记录**</td><td>室外温度_____℃</td></tr>
<tr><td>湿　度_____%</td></tr>
<tr><td>室内温度_____℃
湿　度_____%</td></tr>
</table>

日操作安排	6：00	巡视鹅群，做好相关记录 喂育肥料 供给充足饮水
	8：00	清理舍内外卫生
	9：00	巡视观察鹅群 喂青饲料
	10：00	对鹅群进行带鹅消毒（每周一次）
	13：00	巡视观察鹅群，对挑出的病弱个体单独饲养
	14：00	填写饲养记录
	15：00	清理鹅粪
	16：00	加育肥料、饮水
	17：00	准备第二天的精饲料和青饲料
	19：00	检查巡视鹅群
	20：00	加育肥料

特别提示	一定要让鹅充分吃饱，供足饮水，隔天让鹅下水30分钟，以清洁鹅体
知识窗	◆ **育肥方法** 　　1. 舍饲育肥法　采用高能量、低蛋白日粮进行强度催肥，以富含能量的谷类饲料为主；每天应限制鹅的运动，在光线较暗的舍内，减少外界因素的干扰；白天喂3次，夜间补喂1次；饲养密度不可过大，每平方米4～6只。 　　2. 放牧育肥法　根据农作物的收获季节，把育肥鹅赶到田间，采食收获后遗留在地里的粮食与草籽。归牧后加强补饲，以达到短期育肥目的。 　　3. 强制育肥法　又称填饲育肥，将配制好的饲料填条，一条一条地塞进食管里，强制吞下去，再加上安静的环境，活动减少，鹅就会逐渐肥胖起来，肌肉丰满、鲜嫩
备注	

育肥期	第**10**周龄		⏱ **时间记录**	_____年____月____日

☀ **天气记录**	室外温度_____℃
	湿　　度_____%
	室内温度_____℃
	湿　　度_____%

	时间	日操作安排
日操作安排	6：00	巡视鹅群，做好相关记录 喂育肥料 供给充足饮水
	8：00	清理舍内外卫生
	9：00	巡视观察鹅群 喂青饲料
	10：00	对鹅群进行带鹅消毒（每周一次）
	13：00	巡视观察鹅群，对挑出的病弱个体单独饲养
	14：00	填写饲养记录
	15：00	清理鹅粪
	16：00	加青饲料、饮水
	17：00	准备第二天的精饲料和青饲料
	19：00	检查巡视鹅群
	20：00	加育肥料

特别提示	1. 70 日龄，体大毛齐、无血管毛、膘情优秀和良好的鹅可立即上市。 2. 选出体重、外貌特征、健康状况、上一代产蛋水平优秀的个体留作后备种鹅。 3. 膘情合格、体质瘦弱的鹅进行催肥 10～14 天后再上市
知识窗	◆ **育肥鹅上市标准** 　　肥育期间，放牧增重 0.5～1.0 千克，舍饲可增重 1.0～1.5 千克，填饲肥育可增重 1.5 千克以上。 　　膘情优秀的鹅，胸部丰满，背部宽阔，摸不到肋骨，两翅根部靠近肋骨的附近肌肉突出；膘情合格的鹅胸骨稍有突出，肌肉柔软不坚实，全身肥度稍丰满，但不显著。 　　70 日龄大型鹅种体重达 5～6 千克、中型鹅种3～4 千克、小型鹅种 2.5 千克以上可上市
备注	

第3篇

应急技巧篇

YANG'E RICHENG GUANLI JI YINGJI JIQIAO

一、鹅发热时处理技巧

鹅发热是指鹅体在致热原刺激作用下，体温调节机能发生改变，导致体温异常升高的现象。发热不是一种独立的疾病，是伴随其他疾病过程中出现的一个症状。鹅感染细菌、病毒、或饲养管理不当、中暑、机体严重脱水、外源物质侵入等都会引起发热。

1. 症状　鹅因各种原因引起支气管炎、肺炎、胸膜炎时，除体温升高外，多伴有喷嚏，甩头，流涕，流泪，咽喉部潮红、肿胀等症状，严重者可见呼吸急迫。如为烈性传染病所致，鹅群常有极高的死亡率；引起肠炎时，发热并伴有粪便稀薄，呈白色、灰白色或绿色；感染球虫病或黄曲霉毒素中毒时，鹅常会排红色或带血稀粪；引起神经症状时，发热并会出现沉郁、呆立、昏睡、扭颈、运动失调、瘫痪、倒地抽搐等表现。

2. 应急处理

（1）治疗原发病。中暑性发热，要立即采取降温、通风措施，同时增加凉水供给，并在水中适当增加人工盐；细菌感染性发热，可用抗菌类药，条件许可时可进行药敏试验，选择最敏感药物；病毒感染性发热，可用抗病毒药进行治疗，如黄芪多糖、金丝桃素、板蓝根等中药，同时配合使用抗菌药物、复合维生素等。

（2）加强护理。限制运动，以减少病禽的肌肉活动，降低体力的消耗和热量的产生。多饮水，加入适量的糖、盐更好，以补充体液和促使肠道毒素的排出。

　　（3）预防继发感染。可用抗生素及磺胺类药物。

　　3. 预防　加强饲养管理，搞好鹅群环境卫生，做好防寒、保暖及疫病防疫工作。

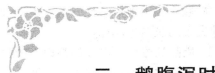

二、鹅腹泻时处理技巧

消化机能紊乱，饲养管理不当，采食劣质的饲料，感染了细菌、病毒、寄生虫，滥用抗生素等原因常会导致鹅腹泻。

1. 症状

（1）大肠杆菌病。雏鹅下痢，泄殖腔周围有黏糊状物，肝肿大并有坏死灶，雏鹅卵黄未吸收或吸收不全。成鹅的症状和病变与禽霍乱相似。

（2）禽副伤寒。雏禽突然死亡、持续下痢、泄殖腔周围为粪污黏附。多伴有浆液脓性结膜炎症，眼半闭或全闭。常出现呼吸困难及麻痹、抽搐等神经症状。大肠黏膜上有时有污灰色糠麸样薄膜被覆。

（3）鹅副黏病毒感染或高致病性禽流感。病初即有腹泻，粪便稀薄，呈黄绿色或黄白色，有时混有血液；嗉囊膨胀，充满气体和液体。脑膜充血、出血及腺胃乳头或乳头间隙出血具有诊断意义。

（4）禽伤寒。粪便稀薄，呈黄绿色，严重时粪便中带有血液，逐渐消瘦。肝、脾和肾发红肿大，肠道有卡他性炎症，肝呈绿棕色或古铜色。

（5）禽霍乱。多发生于3日龄以内的雏鹅。急性病例常有剧烈腹泻，初为黄灰色，后为污绿色，有时粪便中带血，腥臭难

应急技巧篇

闻，张口呼吸，喘气，甩头。慢性病例出现持续性下痢，肉髯水肿和关节炎，全肝有弥漫性针尖大的灰白色坏死点。

（6）球虫病。多见于 2～11 周龄的雏鹅，以 3 周龄以下的鹅多发。下水样稀粪，常为白色的不消化的粉料，并带有血液。若为盲肠球虫所引起的，粪便呈棕红色，多在发病后 1～2 天死亡。

（7）肠道寄生虫侵袭。肠壁发生炎症、出血和溃疡，或在肠黏膜上形成结节，伴随肠炎与结节的形成，多为长期、持续性下痢。肠道内有虫体。卡他性小肠炎或出血性小肠炎，肠内容物为黄绿色液体与坏死的脱落上皮。

2. 应急处理

（1）加强护理。给予安静、干燥的圈舍，根据腹泻的严重程度少给或不给富有营养和难吸收的饲料。

（2）寻找病因，对症治疗。

①饲料配比不合理，饲料中蛋白质及钙含量过高。同时提高饲料中鱼肝油和 B 族维生素含量，增强鹅抗病能力。

②饲料发霉变质。改善环境，停用可疑霉变的饲料。用 3%～5% 的葡萄糖溶液饮水，并加入适量的复合维生素和人工盐。

③滥用抗菌药物或使用抗菌药物时间过长。停用抗菌药物，使用缓解肾脏症状的药物。饮水中添加鱼肝油、多维、葡萄糖，饲料中添加益生素改善肠道菌群比例，必要时使用药用木炭末。

④维生素缺乏。增加维生素含量，口服葡萄糖增强机体抵抗力。

⑤气候因素。既要做好保温工作，又要保证通风换气。腹泻严重的可适当使用抗菌药和补中益气类止泻中药。

⑥脾胃气虚。用补中益气类中草药拌料，电解多维饮水。

⑦应激因素。积极控制原发病，纠正各系统功能障碍，保护重要脏器功能，改善循环；控制感染和清除病灶，合理选择抗生素；做好液体疗法和热量供给。

⑧传染性腹泻。参见鹅传染病应急处理技巧。

⑨中毒性腹泻。参见鹅中毒应急处理技巧。

（3）预防

①加强日常饲养管理。注意饲料的保管和调制工作，不使饲料霉变。饲喂方法要做到定时定量，少喂勤添。寒冷季节注意保温。注意鹅舍清洁、干燥和通风，定期进行消毒。

②平时注意观察鹅群健康状态和采食、饮水、排粪情况。发现异常应及时治疗，加强护理。

③加强对其他继发腹泻病及早治疗和预防。

三、鹅骨折时处理技巧

　　人为打击、压迫、摔伤、重物轧压、肌肉牵引、高处坠落、踏入栅栏缝中等外界各种直接或间接的暴力都可以引发骨折。另外，患骨髓炎、骨疽或骨周围组织感染、骨软症、佝偻病时，即使外力作用并不大，也容易发生病理性骨折。鹅的骨折主要见于两肢。

　　1. 症状　多发于小腿骨（胫、腓骨）及大跖骨。病鹅突然出现跛行，或不能站立，或驱赶时扇翅单足着地而行，被动检查患肢可听到或感觉到骨折端的摩擦音。骨折外部变形明显，骨折两端有时重叠、嵌入、离开或斜向侧方移位，或形成假关节。患部周围软组织损伤、肿胀，出现异常活动、假关节和机能障碍等。因出血引起的肿胀，多在骨折后立即出现；由炎症引起的肿胀，多在骨折 12 小时后出现。开放性骨折除具有上述症状外，骨折部的软组织还有创伤，骨折断端有时露出创口外，容易发生感染。骨裂时，症状不明显，但裂线处有压痛反应。

　　2. 应急处理　骨折后，必须坚持早期治疗，合理治疗，不能错失有利的治疗时机。在饲养管理中要注意适当控制运动量，并增加营养供给，以促进早日康复。

　　（1）紧急救护。原地实施救护。出血时，在伤口上方用绷带、布条、绳子等结扎止血；患部可涂布碘酊，创内撒布碘仿磺胺粉，用绷带、纱布、树枝、木板等简易材料，对骨折进行临时包扎固定，然后再将其送动物医院治疗。小腿骨（胫、腓骨）及大跖骨处的骨折具有一定的治疗价值；粉碎性骨折及椎骨、盆骨骨折多预后不良，建议淘汰。

（2）整复。一般取侧卧保定，患肢在上。有条件的可在局部麻醉下进行整复。整复后肢骨折时，要由助手沿肢轴向远端牵引，使移位的骨折部伸直，以便两断端正确复位。此时要注意局部解剖变形是否消失，肢轴是否正常，两肢是否同长等，然后立即进行固定。

（3）固定。对非开放性骨折的患部进行常规清洁处理；对开放性骨折的创伤进行外科处理，创面撒布碘仿磺胺粉或碘仿硼酸粉，然后固定。鹅的骨折一般采用外固定。根据情况可选用石膏绷带、小夹板绷带或金属支架固定。如用接骨膏进行夹板固定术：

①中草药。没药、白及、乳香各 20 克，儿茶、龙骨、海桐皮各 10 克，麝香 0.5 克，鹅蛋壳 15 个，绿豆粉 200 克，米醋适量。

②方法。用锅以文火先将绿豆粉炒黄，然后将余药（麝香和米醋除外）研细拌入绿豆粉内，再放入锅中，用文火炒至黄褐色块状为度，待冷后研细过箩，而后加米醋和麝香调成膏状，均匀摊于布带上，包患部。然后在皮肤上覆盖棉花或棉垫包裹，以防摩擦。垫平后再用绷带缠扎 3 层，然后用夹板固定，每周换药 1 次。

固定后尽量减少运动，经过 3～4 周后逐步适当运动。经过40～90 天后，可拆除绷带或其他固定物。为促进愈合，在料、水中添加石粉、骨粉、钙片、鱼肝油或多种维生素。为防止感染，局部肌内注射 0.25％普鲁卡因青霉素注射液，每天 2 次，连用 7 天。

3. 预防

（1）保持圈舍地面平整。无杂物。

（2）保持一定的饲养密度。避免饲喂时拥挤。

（3）保持鹅群安静。一般情况下不要惊扰鹅群。

应急技巧篇

四、鹅惊群时处理技巧

由于鹅群密度过大，突然改变饲养环境，更换饲养人员，光照、温湿度骤变，噪声、运输或进行免疫接种等因素引起。

1. 症状 惊群后，鹅群惊叫、兴奋、不规则跑动，相互啄羽，影响鹅生长发育。产蛋鹅若经常惊群，则产软壳蛋增多，并容易出现卵黄性腹膜炎。产蛋量迅速下降，下降率可达 19.2%，且有部分鹅产软壳蛋。数日后鹅群出现怕光、怕声、见饲养人员惊叫冲撞等惊恐症状。1/3 鹅排白色稀粪，产蛋量持续下降，多产软壳蛋。死亡率不高，偶有死亡，剖检死亡鹅可见鹅冠撕裂，头、颈部外伤，泄殖腔轻度小点状出血。少数鹅可见输卵管破裂、内有成熟蛋，其他器官未见可见病变。

2. 应急处理

（1）降低光照。挂深色门窗帘，降低光照强度（降为正常的 1/2），晚间补光时间也缩短一半。饮水中添加补液盐，连用 1～2 周。

（2）镇静。盐酸氯丙嗪，按每千克饲料 0.2 克拌料，改每天喂料 4 次为 3 次，每次喂给充足的量。饮服电解多维、维生素，按 50 克加 250 千克水，连饮 3～5 天，同时每千克饲料中拌入氯丙嗪，4～6 片（每片 0.25 克）喂鹅。

3. 预防　加强平时饲养管理，若对一些预先能够知道但又不可避免的应激因素如喜事、丧事、节日的鞭炮声、鼓乐声、汽车声等，应提前关闭门窗，投服镇静剂或抗应激药品。

五、鹅发生传染病处理技巧

1. 症状

（1）小鹅瘟。主要侵害 2～20 日龄雏鹅，传染快、病死率高，雏鹅排黄绿或灰白色粪便，有神经症状。肝脏肿大，呈深紫红色或黄红色，胆囊显著膨大，充满暗绿色胆汁，心外膜充血，有出血点，心肌浊肿。全身性败血症变化，小肠中、下段肠黏膜脱落，形成纤维素性凝固栓。

（2）鹅禽霍乱。最急性型：无明显症状，突然表现不安，痉挛、抽搐、倒地挣扎，迅速死亡。急性型：精神委顿，离群，不敢下水，两翅下垂，缩颈闭眼。体温升高到 42～43℃。口和鼻有黏液流出，不断摇头，故也称"摇头瘟"。病鹅下痢呈草绿色或灰黄色，严重时带血色。通常在 1～3 天内死亡。慢性型：病鹅持续性腹泻，有的关节肿胀发炎，跛行或不能行走，少数病例有神经症状。

（3）大肠杆菌病。又称蛋子瘟。急性型为败血型，发生在雏鹅及部分母鹅。病雏表现精神不振，缩颈，呆立，排青白色稀便，食欲减少，饮欲增加，干脚。特征性症状是结膜发炎，眼肿流泪，上下眼睑粘连。严重者见头部、眼睑、下颌部水肿，尤以下颌部明显，触之有波动感。多数患鹅当天死亡，有的达 5～6 天死亡。蛋子瘟常发生于产蛋期间，成年母鹅特征性病变是卵黄性腹膜炎。

（4）鹅副黏病毒病。病鹅初期排淡黄绿色、灰白色、蛋清样稀粪。随后粪便呈暗红色、绿色或墨绿色，混有气泡。呼吸困难、咳嗽，鼻孔流出少量浆液性分泌物，甩头，喙端及边缘色泽变暗。病后期，部分患鹅表现扭颈，转圈、仰头，两腿麻痹不能站立，随后抽搐而死，病程长的因消瘦、营养不良衰竭而死，幸存鹅生长发育不良。

（5）鹅（禽）流感。精神沉郁，食欲减少甚至废绝。体温升高，眼结膜潮红流泪，进而出现角膜混浊；头颈部肿大，皮下水肿；严重下痢，肛门周围羽毛黏结粪便。临死前多数患鹅口、眼、鼻孔流出暗红色带血液体，部分患鹅表现震颤、抽搐、意识紊乱等神经症状，腿部无毛区鳞片出血，2～5天死亡。耐过鹅表现生长迟缓、失明、扭颈、翅膀下垂等。

2. 应急处理

（1）隔离病鹅，封锁鹅舍。根据不同疫病的相关处理规程，在小范围内采取科学的扑灭措施。

（2）及早诊断，积极治疗。疫病发生时，将死鹅和濒临死亡的鹅送到就近的兽医诊断室检查，或请禽病防治人员来现场观察症状和剖检病鹅，以确诊病因。当疫病已在本场发生或流行时，应对疫区和受威胁的地区进行紧急疫情扑灭措施。如果是病毒性疾病，应对疫区及受威胁地区内尚未发病的鹅群进行紧急预防接种。如果是细菌性疾病，要对症下药，以控制疾病发展。另外，要在饲料或饮水中添加多种维生素（如维生素C、B族维生素、电解多维等），以增强其家禽机体抗病力。

（3）全面消毒。对污染过的笼子、饲料、食槽、饮水器、用具、衣服、粪便、环境和全部圈舍要用1%～3%的热碱溶液、3%～5%苯酚溶液、3%～5%来苏儿和10%～20%石灰乳消毒。目前常用的还有过氧乙酸和百毒杀等新的消毒药，切断各种传播媒介。死鹅进行深埋或焚烧处理。

（4）改善环境。检查鹅舍内小环境是否适宜，饲料、饮水、饲养密度、温度、湿度、垫料等是否存在问题，要注意通风换气，使舍内通风、干燥。

3. 预防

（1）强化防疫观念，制订严格合理的防疫制度。未经小鹅瘟疫苗免疫注射的种鹅，其所产种蛋孵化出的雏鹅应在出生后 24 小时内注射抗小鹅瘟血清。雏鹅在 5～7 日龄注射抗小鹅瘟疫苗和抗病毒性肠炎疫苗；在 10～15 日龄注射抗副黏病毒疫苗；1 月龄后仔鹅可注射禽流感疫苗，隔 2 个月再注射 1 次；4 周龄后仔鹅、育成期或休产期种鹅可使用禽霍乱疫苗；种鹅开产前 1 个月左右进行小鹅瘟疫苗注射，开产后 10～14 天再进行注射。

（2）强化日常消毒。要定期对场区或鹅舍的地面、粪便、污物以及用具进行消毒。要在鹅场（舍）的进、出口处设消毒池，并确保池内药物安全有效。最好设置专门供工作人员出入的通道。进入场内的车辆、人员和用具等必须进行严格消毒，平时应尽量避免外人进入和参观，同时要严防野兽、猫、犬、鼠等窜入鹅舍。

（3）做好雏鹅的运输和饲养管理工作。要注意及时开食、饮水和保温。经过运输回场的雏鹅，要满足鹅正常的生理需要，提供充足卫生的饮水。如果是炎热夏天，必须等雏鹅进舍 0.5～1 小时之后再饮水，水中要加电解多维以抗应激，开食可在饮水之后适当的时间进行。

（4）避免或减缓应激，保证内环境的稳定。保证防暑降温或防寒保暖的设施始终处于良好状态，注意天气变化，防止球虫病和曲霉菌病。保持适当而合理的饲养密度。应尽量减轻和避免光照过长或过强，无规律的声响，以及抽样称重、采血、转群、接种等应激。

（5）定期监测抗体水平。及时根据抗体水平情况确定免疫时间。

六、鹅中暑应急处理

因天气炎热，长时间放牧，暴晒于烈日下；禽舍闷热，通风不良；气温骤然上升，特别是达到 35℃ 以上，极易发生中暑。雏鹅机体发育尚不健全，对温度变化适应性差，在高温季节更易中暑。另外，机体脱水或饮水不足，饲养密度过大，或被雨水淋湿后又被立即赶进禽舍，都可促使本病的发生。多发于 45 日龄以下雏鹅。

1. 症状　鹅中暑后，突然发生眩晕，欲站即倒，似精神症状，严重者引起死亡。张口呼吸，体温上升，头、喙、蹼发热烫手，食欲废绝，口吐黏液，头颈向左后方扭曲 90°，出现昏迷，惊厥，急性的快速死亡。肝棕红色，无异常发现；肺粉红色，无异常发现；肾红褐色，不肿胀，无尿酸盐沉积；脾、胰、卵巢、肠均无异常；仅心脏充盈血液，心房积血。

2. 应急处理　立即将鹅赶入水中降温，或赶到阴凉的地方休息，并供给清凉饮水。全群服用亚硒酸钠—维生素 E 添加剂，每袋 500 克拌饲料 150 千克，维生素 C 原粉有效含量每吨 150 克拌料，能有效地提高机体抗热应激能力。对发病鹅的个体治疗用等渗糖盐水、氯化钾、B 族维生素溶液混合灌服，每只鹅10～20毫升，每天数次。还可将病鹅赶到水中浸泡短时间，然后喂服红糖水解暑，很快会恢复正常。在病禽腿部血管针刺放血，一般

10 分钟左右可恢复。或用冷水缓慢淋浇头部，并灌服十滴水，每只每次 4～5 毫升，半小时左右可恢复。

3. 预防

（1）炎热季节放牧鹅群应早出晚归，避免中午放牧，应选择凉爽的牧地放牧。不使鹅群在太阳下直晒，补喂食盐，给予充足饮水。

（2）保持鹅舍通风凉爽，防止潮湿、闷热和拥挤，鹅群饲养密度不能过大。

（3）随时注意鹅群健康状态，发现中暑现象时，应立即检查和进行必要的防治。

七、用药失误时应急处理

如果给鹅投药的方法不当（如剂量过大或用药时间过长），则会引起药物中毒，严重影响鹅的健康和生产性能，甚至造成大批死亡，给养鹅业造成不应有的损失。

1. 症状

（1）喹乙醇中毒。强壮鹅突然抽搐或角弓反张，倒地死亡。有时可见冠髯发绀，扭颈转圈，口流黏液，脚软甚至瘫痪。鹅群时有腹泻，重者下痢，偶有发呆。死亡时间不集中，常呈散发形式，几乎每天死亡、由少数几羽到多羽，可维持短则半日、长达2个月的时间。死亡率视其用药量的大小、次数、间隔时间不同而差异很大，达3%～60%。全身出血严重。

（2）土霉素中毒。鹅采食下降，产蛋量明显下降。大部分鹅腹泻、腿瘫软、鹅冠萎缩且发白，羽毛蓬乱、无光泽。雏鹅生长缓慢，精神沉郁不安。腺胃壁、十二指肠壁水肿，黏膜脱落，黏膜下层有弥漫性大小不等的出血点；肌胃角质层龟裂或溃疡；肝呈土黄色且浑浊、肿胀、脆弱；肾肿大、充血，输尿管扩张；有的鹅心脏、肝脏、肺脏、气囊表面呈石灰样。

（3）马杜拉霉素中毒。轻症食欲减少，沉郁，互相啄羽，饮水量与采食量均减少，排绿色稀粪，消瘦，脚爪皮肤干燥、呈暗红色，两腿无力，行走困难。若停药及时一般无死亡。急性重症中毒病例，饮食明显减少或废绝，两腿无力或瘫痪，严重时呈神经症状，行走摇摆，脚软，伏地或侧卧，两腿后伸，少数鹅兴奋转圈，排出黄色或绿色水样粪便，消瘦脱水至死亡。慢性中毒病例胸肌、腿肌出血，肝、肾稍肿，呈暗红色，小肠出血。

（4）磺胺类药物中毒。雏鹅多表现为急性中毒，食欲废绝、腹泻、倒地抽搐、角弓反张、头颈后仰，迅速死亡。成年鹅、育成鹅主要表现为食欲减退，饮水增加，行走无力，羽毛松乱，呼吸急促。下痢，粪便呈暗红色或酱油色。产蛋期可引起产蛋减少。最常见的病变是皮肤、肌肉和内脏器官出血。慢性病例还可见肾脏肿大可达3～4倍，呈土黄色，出血斑；输尿管变粗并充满白色尿酸盐；有时可见关节囊腔中有少量尿酸盐沉积。

（5）维生素A中毒病。多在过量摄入维生素A1个月左右发病，整群精神不及正常时活泼，精神沉郁，不愿走动。食欲减退，重则停止采食。产蛋鹅产蛋率明显降低，可降到20%左右，且蛋的品质降低，蛋形变小，色泽较暗，蛋壳变薄，有的蛋壳表面粗糙不平，极易破裂。病鹅羽毛生长不良，易脱落，尤其是绒羽、小羽比较严重，病情较重的主羽也可脱落，导致病鹅下水时羽毛很快被水浸湿。

（6）痢特灵中毒。雏鹅主要表现为急性中毒。多在采食后不久发病，精神沉郁，站立不稳，扭颈，角弓反张；有的出现兴奋不安，鸣叫；重者倒地抽搐，呈游泳状，很快死亡。成年鹅、育成鹅主要表现为慢性中毒症状，发病初期食欲减退，饮欲增加，精神沉郁，运动失调，有的出现下痢。口腔、食管及嗉囊充满黄色黏液，肌胃角质层脱落，重者肠管可见出血炎症；肝脏肿大，充血或表面有出血点；心室扩张，心外膜有不同程度的出血点。

2. 应急处理

（1）喹乙醇中毒。发现中毒后，应立即停药。多维加倍量，尤其是维生素C、维生素E。用绿豆熬水配合5%葡萄糖水饮用。中毒较重的，可酌情配合口服补液盐饮用，以促其排泄，减少吸收。预防措施：喹乙醇应按说明慎重使用。连用数次应停药一段时间，让其充分排泄之后再用。禁止饮水使用。在使用喹乙醇过程中，避免使用其他抗菌类药物。

（2）土霉素中毒。发现中毒后，立即停喂土霉素，并给鹅饮服绿豆汤、甘草水或5％葡萄糖溶液。控制用药剂量和连续用药时间。用土霉素应按规定投药，一般每千克体重每次用量25～50毫克，2次/天，连续用药时间不超过7天。再用药时，应间隔2～3天。

（3）马杜拉霉素中毒。立即停用含有马杜拉霉素及其他抗球虫或抗菌药物的饲料。目前该类药物中毒机理尚未阐明，临诊中毒无特效解毒药。饮水中添加3％葡萄糖和0.02％维生素C，以提高抗病力和解毒能力；及时补充复合维生素和亚硒酸钠—维生素E，可使病情得到一定控制。症状较重的鹅可人工灌服，每天2次，一般停药后5天左右鹅群便可恢复正常。

（4）磺胺类药物中毒。一旦出现中毒现象，立即停止用药，饮以充足的洁净清水，并加入1％～2％的碳酸氢钠溶液，同时在每千克饲料中加入维生素C 200毫克、维生素K 5毫克，连用数天，至症状基本消失为止。

（5）维生素A中毒病。立即更换饲料，停止使用任何含维生素A的饲料添加剂。保肝解毒，可饮以3％～4％葡萄糖水，并适量投服维生素C，剂量是每只每次100毫克，每天3次。恢复消化机能，可在料中适当添加复合维生素B。据报道，一般治疗5天左右食欲可渐恢复，但产蛋水平要在20天左右才逐渐恢复。

（6）痢特灵中毒。本病目前尚无特效解毒药物，只能通过对症治疗来减少死亡。发病后应立即停止用药，并更换饲料，同时给予0.01％浓度的高锰酸钾溶液饮服，2～3小时后换饮浓度为3％～4％的葡萄糖溶液，并适当加入维生素C，以达保肝解毒的目的。出血严重者，可在每千克饲料中添加维生素K_3 4～8毫

应急技巧篇

克、维生素 B_1 2～3 毫克。

3. 预防

（1）尽量不用此类药物，如要使用，必须严格控制剂量，同时拌料要均匀，且不得超过 7 天。

（2）严格控制用药剂量及用药时间，按规定剂量用药，不得任意增大剂量。

应急技巧篇

八、啄癖的应急处理

饲养密度过大，空气流通不良等环境因素，某些营养物质、矿物质元素缺乏，遗传因素，鹅皮肤出血等都会引起啄癖。

1. 症状 临床上啄羽较常见，多发于育成期的雏鹅，往往由个别啄癖，逐渐漫延至全群。主要表现为啄咬其他鹅的尾部羽毛，引起被啄鹅尾部脱毛、出血，继而引起更多的鹅来啄咬病鹅，常导致被啄鹅发生脱肛或肠管脱出，甚至引起死亡。这种啄咬恶习可引起全群互相啄咬，造成严重的损失。

成年种鹅在饲养密度过大的情况下，常发生交配时种公鹅阴茎被其他鹅啄咬的现象，导致公鹅阴茎不能缩回，阴茎瘀血、肿胀，多继发炎症，最终发生干性坏死、脱落。病鹅极少死亡，但因丧失种用功能而造成严重的经济损失。有的成禽还有啄蛋等恶癖。

2. 应急处理 改善饲养环境，适当调整饲养密度，加强通风，定期清理畜舍及运动场所的污物。保持环境的安静，控制光照，并减少或杜绝外来人员的参观和人为的干扰。对天生好斗的品种，可在1周龄内用电动去喙器进行去喙及去趾处理。隔离被啄的病禽，以防引起更严重的损伤。有啄癖的种鹅经治疗后仍旧不能改善者，要坚决淘汰，不能再做种用。

3. 预防 根据饲料分析和血液化验结果补充所缺乏的营养

物质。如为缺盐所致，用食盐或人工盐，在饲料中按 1%～2% 的浓度添加，但要供足饮水，以防食盐中毒，当症状缓解后，维持在 0.25%～0.5% 的浓度；如为缺钙所致，可在饲料中添加 1%～2% 的石膏粉；因蛋白质、氨基酸缺乏而引起啄羽癖的病例，可补充豆饼、羽毛粉、鱼粉或全价蛋白饲料；如为缺乏铁、B 族维生素所致，可每只每天补给硫酸亚铁 1～2 克、维生素 B$_2$ 5～10 毫克，连用 3～5 天。

九、食盐中毒的应急处理

因摄入过量食盐而引起的急、慢性中毒。鹅每千克体重摄入3.5～4.5克食盐即可引起中毒，严重会造成死亡。

1. 症状 惊恐，兴奋不安，口鼻流出黏性分泌物。食欲减少，饮水量激增，频频喝水。出现水样腹泻，无高温表现。不久转为精神委顿，运动失调。翅下垂，两脚无力，重则完全瘫痪，头颈痉挛性扭转，口腔黏膜干燥，鸣叫、呻吟，经过2～3天后倒地衰竭死亡。有的出现转圈运动，倒地挣扎，单腿或双腿摆动呈游泳状。呼吸困难，可视黏膜发绀，最后全身抽搐痉挛死亡。病死鹅颈部皮下组织水肿，食道及腺胃内充满黏性液体，肌胃角质层变黑，易脱落；十二指肠呈弥漫性点状出血，小肠黏膜肥厚；肺瘀血、水肿；心包积液，呈微黄色，心肌表面脂肪呈胶冻浸润，有出血点。

2. 应急处理 立即更换饲料，并用胶皮球捏水冲洗口腔及嗉囊，以减少食盐的吸收。同时用0.1％高锰酸钾溶液作饮水，而后供给大量清洁饮水。再喂给3％～5％葡萄糖糖水，并加维生素C适量，以保护肝脏和提高解毒机能。神经症状重者，配制2.5％溴化钠溶液灌服。另外，要用环丙沙星或氟哌酸适量饮水，以防继发肠道感染。

3. 预防 供给予充足的饮水，饲料中的食盐含量不得超过

1%。鹅应以放牧食草为主，但需喂给配合饲料时，食盐的含量一般在 0.3%为宜。不要用猪、鸡饲料来喂鹅，并要严格控制饲料中食盐的含量。

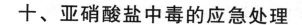

十、亚硝酸盐中毒的应急处理

亚硝酸盐中毒是指机体摄入亚硝酸盐而引起的急、慢性中毒。临床以急性中毒常见，以高度呼吸困难、发绀、迅速死亡为特征。

1. 症状　食后约 1 小时有表现不同程度的中毒症状。病鹅食欲废绝，不安，在圈内不停跑动，随后聚成一团。驱赶时，步态蹒跚，流涎，口吐白沫，卧地不动。呼吸急促，伸颈，张口呼吸。口腔黏膜、眼结膜、肉瘤发紫，嘴角的上部皮肤和胸、腹部皮肤发绀，程度不一；两前翅静脉怒张，呈紫黑色，肛门周围绒毛潮湿，最后窒息而死。血液呈紫黑色，酱油状，凝固不良；嗉囊内容物有浓烈的酸味；肝、脾、肾瘀血，轻度肿胀；胰出血，并有针尖状坏死点。气管黏膜充血，肺出血，肺脏内充满气体，肠道有不同程度的炎症；心包、腹腔积水，心冠沟脂肪出血，心室肌松软无弹力，直肠黏膜充血。

2. 应急处理　停喂霉烂菜叶；每升水中溶解 50 克葡萄糖任其自饮 3～5 天，美蓝溶液按每千克体重 0.4 毫克肌内注射；同时每只鹅肌内注射维生素 C 液 1 毫升，或每只鹅口服维生素 C 1 片，每天 1 次，连服 2 天。

本病虽然发病急剧，死亡快，但能早期确诊，及时选用美蓝溶液和维生素 C 进行治疗，因为美蓝和维生素 C 都能很快促进高铁血红蛋白还原为血红蛋白。但应注意，美蓝溶液在低浓度时是还原剂，可促进高铁血红蛋白还原为血红蛋白，使病鹅转危为安；而高浓度时，当辅酶已被耗尽，则成为氧化物，反而使病情加重。所以使用美蓝时，一定要控制好剂量，不能超过每千克体重1毫克。

3. 预防　菜类饲料，应经常翻动通风，腐烂变质的蔬菜不要喂鹅。改善饲料的调制方法，青饲料最好生喂或制成发酵饲料再喂。煮时要用急火，煮熟后立即取出，放冷后喂禽，隔夜的剩余青绿饲料不要喂鹅。

十一、脱肛的应急处理

鹅脱肛是指输卵管或泄殖腔翻出肛门之外的一种疾病，多发生于种鹅初产和产蛋高峰期。病初产蛋鹅肛门周围的绒毛湿润，也有部分鹅从泄殖腔内流白色或黄色黏液，随后有 3～4 厘米长的红色物脱出于泄殖腔，时间稍长，泄殖腔脱出物变成暗红色。

1. 症状

（1）轻度脱肛。病鹅不产蛋时看不出脱肛，只是产带血蛋或产蛋时发生痛苦努责声，或有轻微的脱出物突出于肛门之外，但很快会缩回到体内。

（2）中度脱肛。常因轻度脱肛没有得到及时发现和治疗而致。泄殖腔脱出如栗子大或鹅蛋大，不能自然缩回体腔内。

（3）重度脱肛。除泄殖腔脱出外，并有部分输卵管和部分肠管脱出，脱出物较大、水肿、被污染等。

2. 应急处理 一旦发现脱肛鹅，要立即进行隔离饲养。症状较轻的鹅，可用 0.1% 高锰酸钾溶液洗净脱出部分，用手按揉复位，然后涂上紫药水，撒敷消炎粉。

（1）轻度脱肛。光照时间强度确定后，不能再做调整；将人用"补中益气丸"，每天每 50 只鹅用一盒，切碎溶化到水中，分 2 次饮用，连用 4～6 天，或用具有补中益气的中药制剂。

（2）中度脱肛。对脱出的泄殖腔先用温水洗净，再用 0.1%

高锰酸钾溶液清洗片刻，使黏膜收敛，然后擦干，涂以人用的红霉素眼药膏，轻轻送入肛门内，肛门周围作荷包状缝合（泄殖腔内如有蛋必须在缝合前取出，以防发生蛋黄性腹膜炎），并留出排粪孔。几天后，母鹅不再努责时便可拆线。

（3）重度脱肛。首先及时隔离，用 10％ 高渗温食盐水（38℃）冲洗，人工整理复位，然后从肛门给予青霉素 40 万单位。重症鹅大都预后不良，没有治疗价值，应及时淘汰。

另外，要针对不同病因采取相应措施：如大肠杆菌、沙门氏菌等感染而引发的腹泻，要在饲料或饮水中投喂强力霉素、恩诺沙星等抗菌药物，也可在饲料中投给微生态制剂，以改善鹅体肠道内环境，达到肠道菌群平衡。

3. 预防

（1）严格控制光照时间和光照强度。制订科学合理的光照程序，保证鹅群性成熟和体成熟趋于一致。育成期光照时间控制在每天 9 小时以内，光照强度每平方米 3～4 瓦。开产后逐渐延长光照至每天 14～16 小时，逐步加光。严禁光照突然增加至 16 小时，确保开产的一致性。

（2）保持合理的饲养密度。在育成期要根据鹅群个体的大小及时分群饲养，每周定期随机抽样称重，并计算鹅群的均匀度，根据鹅群的体重大小确定下一周的喂料量，以便使鹅群体重达标。种鹅育雏、育成期要保证日粮有足够优质的蛋白质供应，确保鹅群均匀度控制在 80％ 以上，切勿将鹅喂得过肥或大小不均匀。

（3）注意疾病的预防和治疗。加强饲养管理，勤观察蛋鹅的粪便变化，发现腹泻的鹅只及时检查病因并加以治疗。禁止饲喂霉败饲料。在开产后的鹅群饲料中添加 1％～2％ 石粉，预防和治疗鹅啄癖。也可用硫酸镁（纯度 99％ 以上），按 0.03％ 的比例溶于水中自由饮用，可防母鹅脱肛。中草药预防，用中药补中益气丸，每天 3 次每次 3 克/只，连服 3 天，重症连服 5～6 天。

十二、农药中毒的应急处理

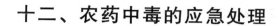

当前鹅的农药中毒以有机磷为主，其次是有机氟。由于保管使用不当，这两类农药常造成鹅中毒，引起严重经济损失。

1. 症状

（1）有机磷农药中毒。常见的有机磷农药主要有敌百虫、敌敌畏、乐果、甲胺磷、对硫磷等。最急性者不表现明显临床症状，在采食后数分钟即突然死亡。急性者大量流涎，流泪，瞳孔明显缩小；腹泻，粪便中带有灰白色泡沫样黏液；呼吸迫促，共济失调，肌肉震颤，死前有抽搐、角弓反张表现，常在发病后数分钟内死亡。肠道黏膜弥漫性出血，黏膜脱落；肌胃内有大蒜臭味。

（2）有机氟农药中毒。有机氟农药主要有氟乙酰胺、氟乙酸钠等，主要用于杀虫和灭鼠。突然发病死亡病例，病鹅死前无明显的前驱症状，突然倒地，剧烈抽搐、惊厥或角弓反张，瞳孔散大，迅速死亡。采食较少的，表现为全身颤抖、呼吸迫促，可反复发作，终因呼吸抑制和心力衰竭而死亡。肝、肾肿胀、充血，心包膜有出血斑点，脑部轻度水肿，脑膜血管呈树枝状充血。

2. 应急处理

（1）有机磷农药中毒。发现中毒病例，立即停饲可疑料、水，并进行排毒、解毒及对症治疗。

刚中毒时，可立即切开嗉囊，用清水或 0.01％高锰酸钾（1605 中毒者禁用）、2％～3％碳酸氢钠溶液（敌百虫中毒者禁用）溶液进行冲洗。

使用特效解毒药：阿托品，每只 0.5 毫克，腿部肌肉注射，用药 15 分钟后可重复给药，当出现瞳孔散大，流涎停止时，停止用药。配合使用解磷定，每只 0.2～0.5 毫升，肌内注射，效果更佳。

（2）有机氟农药中毒。立即停止饮食被有机氟农药污染的饲草和饮水；被该药喷洒过的农作物饲草，必须在收割后贮存两个月以上，使其残毒消失后方可用来饲喂。

中毒后立即采取解毒措施，首选特效解毒药解氟灵（50％乙酰胺溶液），按每千克体重 0.1～3 毫升，另加 2％普鲁卡因溶液 0.5～1 毫升，肌内注射，每天 3～4 次。首次用量可为每天用药量的一半，至抽搐现象消退为止。同时，饮以 10％葡萄糖溶液，另加维生素 B_1、维生素 C 适量，以达保肝解毒、增强机体抵抗力的目的。

3. 预防　加强农药的管理，注意安全。不要在喷洒过有机磷农药的田地或水域放牧鹅群。喷洒过有机磷农药 6 周以内的种子、蔬菜、瓜果等不能喂鹅。不用敌百虫作鹅的内服驱虫药。消灭体表寄生虫时，浓度不超过 0.5％，涂药面积不要过大。

十三、一氧化碳中毒的应急处理

一氧化碳中毒，是由于吸入一氧化碳气体所致，以机体缺氧为主要特征。一氧化碳中毒多发生在育雏期的雏鹅。

1. 症状　病鹅精神不振，步态不稳，有的蹲伏，有的趴卧、缩颈，羽毛蓬松，呼吸困难，有 20％的雏鹅呈昏迷状态，有的病雏鹅流泪，在临死前发生痉挛。急性中毒的症状为病雏表现不安，嗜睡，呆立，运动失调，呼吸困难。随后病雏不能站立，倒于一侧或伏卧，头向前伸，临死前发生痉挛或惊厥。喙发绀，心内膜、心外膜有散在出血点，肾脏充血、肿胀，肝脏呈樱桃红色，鹅蹼呈樱桃红色。实验室检查：采集病死雏鹅心脏、肝脏，接种于普通琼脂和Ｓ·Ｓ琼脂培养基，37℃18 小时后观察，未见细菌生长。

2. 应急处理　鹅舍通风换气，保持空气新鲜。维生素 C、葡萄糖、电解多维溶于水中，代替饮水。为预防由于通风换气所致的应激，饲料中混入适量的氟哌酸。

3. 预防　冬季要经常检查育雏舍供暖设备，杜绝烟道倒烟，有条件的最好安装引风机。

十四、黄曲霉毒素中毒的应急处理

鹅黄曲霉毒素中毒是由于食入被黄曲霉毒素污染的料草而引起的中毒性疾病。临床上以消化机能紊乱、全身浆膜出血、腹腔积水及神经症状为特征。

1. 症状 雏鹅病初食欲减退，生长迟缓，羽毛生长不良，常出现脱落。逐渐出现腹泻，步态不稳，跛行。腿及脚蹼皮下出血，呈紫红色斑点，可在几天内死亡。死前出现抽搐、角弓反张等神经症状。死亡率可达 100%。慢性中毒者主要表现食欲减少、消瘦、衰弱、贫血、严重者呈全身恶病质等现象。

成年鹅多为亚急性或慢性经过，精神沉郁，呼吸困难，有的可听到沙哑的水泡声，少数可见浆液性鼻液。渐进性食欲减退，口渴，腹泻，粪便中带血，生长缓慢，消瘦贫血，产蛋下降。病程长者可见腹腔积水，腹围增大。

急性死亡的病雏可见胸部皮下及肌肉有出血斑点；肝脏肿大，色泽苍白或变淡，表面有出血斑点或坏死灶，胆囊充盈；肾脏苍白，稍肿胀，有的有出血点；胰腺也有出血点。亚急性或慢性死亡病例，主要病变有肝硬化，色变黄，表面可见米粒至黄豆大小的结节或增生物，严重者可见肝脏癌变；心包、腹腔积水，卵黄破裂，卵子变性，输卵管充血、出血。

2. 应急处理 目前对本病尚无特效疗法。发现中毒，应立即停喂霉败饲料。对早期发现的中毒鹅可投服硫酸镁、人工盐等盐类泻药，排除胃肠内有毒物质；给予含碳水化合物丰富的青绿饲料和维生素 A、维生素 D 或者灌服绿豆汤、甘草水或高锰酸钾水溶液，可缓解中毒；减少含脂肪多的饲料，保肝解毒、提高机体抵抗力，可投服 5% 葡萄糖溶液，并加入适量维生素 C；防止出血，可在每千克饲料中添加维生素 K_3 4～8 毫克。另外，可用制霉菌素治疗，每羽口服 3～5 单位，每天 3 次，连用 2～3 天。中毒死鹅因器官组织均含毒素，应该深埋或烧毁，绝对不能食用。病禽的粪便也含有毒素，应彻底清除，集中用漂白粉处理，以防止污染水源和饲料。

3. 预防　做好饲料的防霉工作，妥善保存，避免遭受雨淋、堆场发热，以防止霉菌生长繁殖。不喂发霉的饲料。多雨季节，对质量较差的饲料可添加 0.1% 的苯甲酸钠等防霉剂。严禁喂发霉饲料，尤其是发霉的玉米。饲料仓库如被黄曲霉毒素污染，应用福尔马林熏蒸或用过氧乙酸喷雾消灭霉菌孢子；对污染的用具、禽舍、地面可用 20% 石灰水消毒或 2% 次氯酸钠溶液消毒。

应急技巧篇

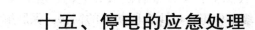

十五、停电的应急处理

禽舍突然停电，导致电灯、水泵、换风扇、空调机甚至孵化机等设备停止运转，如不采取有效应急措施，将发生不可预计的损失。

1. 症状

（1）孵化室停电。

①孵化前期停电。种蛋入孵不超过 10 天时遇到停电。

②孵化中期停电。种蛋入孵 10 天左右停电。

③孵化后期停电。种蛋已进入出雏箱内停电。

④分批上蛋孵化时停电。同一孵化机内有不同入孵日龄的鹅蛋时停电。

（2）禽舍停电。 发生断电时，鹅起初呼吸正常。当空气中氧浓度开始下降时，鹅的呼吸速度就开始加快，当空气中二氧化碳的浓度以及舍内的温进一步提高时，会很快发展为致死作用。

2. 应急处理

（1）孵化前期停电。若停电时间在 10 小时之内，孵化室的温度又在 24℃以上，那么只需把进气孔、排气孔和机门全部关闭。如果在冬季天冷时孵化，就应事先准备好散热快的铁炉生火加温，直到室温升到 27℃左右为止。如停电时间更长，就要注意换气，调节温度。

应急技巧篇

（2）孵化中期停电。种蛋入孵 12 天左右，停电时间不长，打开排气孔即可；停电时间延长，就要适当调盘。如果入孵超过 15 天，停电时要立即打开机门放温，若蛋温高时就要进行调盘。同时注意提高孵化室的湿度。

（3）孵化后期停电。停电时应立即打开机门调盘放温，放温时间长短应根据室温和蛋温的高低来定。如果孵化室气温低、蛋的数量少，出雏箱的门可以少开，注意调盘，提高室内温、湿度。

（4）分批上蛋孵化时停电。要先考虑入孵日龄长的种蛋。如果机内有 1～17 天的鹅蛋，因胚胎发热量大，闷在机内过久容易烧死，可提早落盘。剩余的每隔 2～3 小时，测定一次上层和中间的蛋温，随时调节。停电后孵化室生火升温很重要，特别是出雏时，不仅室温要升高，而且室内湿度也要注意调节。

（5）发生停电后，要及时采取措施以减小应激。减少外界刺激，增加多种维生素和蛋白质的摄入量等措施，有助于应激状态的减轻和鹅群的恢复。建议肉鹅饲养户在鹅 4 日龄后每天晚上关灯 1～2 小时，使鹅群适应黑暗环境，可避免此类应激的发生。

3. 预防　定期检查备用发电机。每饲养完一批鹅，当鹅舍空关时，将备用供电系统至少运转 30 分钟，这样就可以保证该系统处于良好状态之中从而能够应付长时间运行之需。要保证备件供应，比如皮带、空气滤清器、燃油等。要检查充电器，并确保电池总是处在充满电的状态中。发电机房要打扫干净，并且不要在其中存放其他物品。要遵守关于易燃物存放的地方法规。发电机房要有良好的防水措施和充分绝热的屋顶。对所有各系统都用计算机控制并且都采用高技术设备运行的话，就极少有可能发生供电故障。

十六、鹅痛风的应急处理

应急技巧篇

痛风是由于日粮中蛋白质含量过高及鹅代谢紊乱，在体内产生大量尿酸蓄积并以尿酸盐的形式沉积在关节囊和内脏表面的疾病。临床上以运动迟缓，腿、翅关节肿胀，跛行，排白色稀粪，脏器和关节腔尿酸盐沉积为特征。

1. 症状　禽痛风分为内脏型和关节型两种，前者是指尿酸沉着在内脏表面；后者是指尿酸盐沉积于关节囊和关节软骨及其周围。其中内脏型痛风多见。

（1）内脏型痛风。多发于1周龄左右的雏鹅，可以是零星散发，也可成批发生，多因肾功能衰竭而死。发病初期，病雏精神沉郁，食欲废绝，并伴有腹泻，多在1~2天内衰竭死亡。成年禽发病通常为慢性，口渴，食欲废绝，营养不良，消瘦贫血，虚弱无力；腹泻，粪呈白色，稀水样，少数可突然死亡，病程一般为1周左右。内脏浆膜上覆盖着一层白色、石灰样尿酸盐沉淀。肾肿大、色苍白、表面有雪花状花纹。输尿管增粗，内有尿酸盐结晶。

（2）关节型痛风。主要发生于青年和成年鹅。表现腿、翅关节软性肿胀、疼痛，运动迟缓、跛行，重则不能站立。切开关节腔有稠厚的白色、黏性液体流出。关节型痛风主要变化在关节，切开关节囊，内有膏状白色尿酸盐沉着，有些关节面发生糜烂和关节囊坏死。

2. 应急处理　本病治疗意义不大，关节型可手术治疗，切开关节囊，取出尿酸盐，结合消炎处理，但易复发。

3. 预防　降低日粮中蛋白质特别是动物性蛋白的含量，增加维生素 A 及维生素 B_{12} 的供给，给予充足的饮水，严格控制各个生理阶段日粮中钙、磷供给量对防治该病有重要意义。

十七、鹅脂肪肝综合征应急处理

　　鹅脂肪肝综合征是指因体内脂肪代谢紊乱，大量脂肪蓄积于肝脏、腹腔及皮下，引起肝脏脂肪变性，并伴有产蛋量下降、小血管出血的一种内科疾病。又称为脂肪肝出血综合征。常散发于营养良好的产蛋鹅，尤其是笼养鹅。

　　1. 症状　发病鹅在生前明显肥胖，貌似健康。产蛋率明显下降。精神委顿，多伏卧，少运动，有些食欲下降，体温正常，在下腹部可以摸到厚实的脂肪组织。当拥挤、驱赶、捕捉或抓提方法错误，引起强烈挣扎，常造成肝脏血管破裂、腹腔内出血而急性死亡。

　　皮肤、肌肉苍白，肝脏肿大，呈黄色，质地较脆，表面可见出血斑点。腹腔内常有大块血凝块。在皮下、腹腔，肠系膜、心包外，心冠状沟周围有大量脂肪堆积。

　　2. 应急处理　按每吨饲料中加入 $1\sim1.5$ 千克氯化胆碱，维生素 E 1 万国际单位，维生素 B_{12} 12 毫克，肌醇 900 克，连用 $1\sim2$ 周，具有一定的治疗效果。

　　3. 预防　控制日粮中高能物质的比例，严格按照饲养标准进行。在饲粮中适当添加多种维生素和微量元素，特别是增加蛋白质、肌醇和硒的供给，有利于减少本病的发生。另外，在肥肝生产期，要防止各种应激因素，以减少死亡。

第**4**篇

用药篇

YANG'E RICHENG GUANLI JI YINGJI JIQIAO

一、常备药物

（一）常备防腐药

1. 主要用于环境、用具、器械的消毒防腐药 抗菌力强，范围广，大部分对细菌、芽孢、病毒均有杀灭作用。

（1）卤素类。主要是氯、碘以及能释放出氯、碘的化合物。

漂 白 粉

[性状] 为灰白色粉末；有氯臭味。是次氯酸钙、氯化钙和氢氧化钙的混合物，在空气中即吸收水分与二氧化碳而缓缓分解。常制成含有效氯为25％～30％的粉剂。

[作用与用途] 可用于鹅舍、车辆、饮水等的消毒。

[注意事项] ①对皮肤有腐蚀作用。②现用现配。③消毒人员应注意防护。④在空气中和阳光照射下易分解失效。⑤不可与易燃易爆物品放在一起。

[用法与用量] 饮水消毒，每50升水加入1克；鹅舍等消毒，配成5～20％混悬液；粪池、污水沟、潮湿积水的地面消毒，直接用干粉撒布或按1：5比例与排泄物均匀混合；水浴池消毒，每立方米水加入1克。

（2）醛类。常用的有甲醛和戊二醛两种。

用
药
篇

甲　醛　溶　液

[性状] 无色或几乎无色的澄明液体，有刺激性特臭。本品含甲醛不得少于 36％，其 40％溶液又称福尔马林。

[作用与用途] 可用于鹅舍、仓库、孵化室、衣物、器具等的熏蒸消毒。

[注意事项] ①对黏膜有刺激性和致癌作用。②储存温度为 9℃以上。③甲醛熏蒸消毒时，甲醛与高锰酸钾的比例应为 2:1（甲醛毫升数与高锰酸钾克数的比例）。消毒场所事先密封，温度应控制在 18℃以上，湿度应为 70％～90％。

[用法与用量] 以甲醛溶液计：内服，用水稀释 20～30 倍，一次量，鹅 0.05 毫升；熏蒸消毒，每立方米 15 毫升；器械消毒，2％溶液。

（3）碱类。常用的主要有氢氧化钠和氯化钙。

氢　氧　化　钠

[性状] 又称烧碱、火碱、苛性钠，为白色干燥颗粒、块或薄片。本品含 96％氢氧化钠和少量的氯化钠、碳酸钠，极易溶于水。

[作用与用途] 可用于鹅舍、车辆、用具等的消毒。

[注意事项] ①对组织有刺激和腐蚀作用，用时要注意保护。②鹅舍地面、用具消毒后经 6～12 小时用清水冲洗干净再放入鹅舍使用。③不可应用于铝制品、棉毛织物及漆面的消毒。

[用法与用量] 消毒，1％～2％热溶液。

（4）酚类。

甲　　　酚

[性状] 本品又称煤酚、甲苯酚，为无色、淡紫红色或淡棕黄色的澄清液体；有类似苯酚的臭气，并微带焦臭。杀菌性能与

苯酚相似，常用钾肥皂乳化配成50％甲酚皂（又称来苏儿）溶液。

〔作用与用途〕可用于器械、鹅舍、场地、病鹅排泄物及皮肤黏膜的消毒。

〔注意事项〕①有特异臭味，不宜用于肉、蛋或食品仓库的消毒。②由于色泽污染，不宜用于棉、毛纤制品清毒。③对皮肤有刺激性。

〔用法与用量〕甲酚溶液：用具、器械、环境消毒，3％～5％溶液。甲酚皂溶液：喷洒或浸泡，器械、鹅舍或排泄物等消毒，配成5％～10％溶液。

2. 主要用于皮肤黏膜消毒防腐药

（1）醇类。醇类消毒剂和戊二醛、碘伏等配伍，可以增强其作用。

乙 醇

〔性状〕又称酒精，为无色的挥发性液体。微有特臭，味灼烈，易挥发、易燃烧。能与水任意混合，是良好的有机溶媒。

〔作用与用途〕常用于皮肤消毒、器械的浸泡消毒。

〔注意事项〕①不能用于黏膜和创面的感染。②内服40％以上浓度的乙醇，可损伤胃肠黏膜。③橡胶制品和塑料制品长期与之接触会变硬。④本品可增强新洁尔灭、含碘消毒剂及戊二醛等的作用。⑤乙醇在浓度为20％～75％时，其杀菌作用随溶液浓度增高而增强。

〔用法与用量〕皮肤消毒，75％溶液。器械浸泡消毒，70％～75％溶液，5～20分钟。

（2）阳离子型表面活性剂类消毒剂。

苯 扎 溴 铵

〔性状〕又称新洁尔灭，常温下为黄色胶状体，低温时可逐渐形成蜡状固体；味极苦。常制成有效成分含量为5％的溶液。

［作用与用途］主要用于手臂、手指、手术器械、玻璃、搪瓷、鹅蛋、鹅舍、皮肤黏膜的消毒及深部感染伤口的冲洗。

［注意事项］①对阴离子表面活性剂，如肥皂、卵磷脂、洗衣粉、吐温－80等有颉颃作用，对碘、碘化钾、蛋白银、硝酸银、水杨酸、硫酸锌、硼酸（5％以上）、过氧化物、汞、磺胺类药物以及钙、镁、铁、铝等金属离子有颉颃作用。②浸泡金属器械时应加入0.5％亚硝酸钠，以防器械生锈。

［用法与用量］以苯扎溴铵计：手臂、手指消毒，0.1％溶液，浸泡5分钟；鹅蛋消毒，0.1％溶液，药液温度为40～43℃，浸泡3分钟；鹅舍消毒，0.15％～2％溶液；黏膜、伤口消毒，0.01％～0.05％溶液。

（3）碘制剂。属卤素类消毒剂，抗病毒、芽孢作用很强，常用于皮肤黏膜消毒。

碘　酊

［性状］为棕褐色液体，在常温下能挥发。是由碘与碘化钾、蒸馏水、乙醇按一定比例制成的酊剂。

［作用与用途］可用于术部及伤口周围皮肤、输液部位的消毒。

［注意事项］①对组织有较强的刺激性。②在酸性条件下，杀菌作用增强。③碘可着色，污染天然纤维织物。④在有碘化物存在时，在水中的溶解度可增加数百倍。⑤置棕色瓶中避光保存。

［用法与用量］注射部位、术部及伤口周围皮肤的消毒，2％～5％碘酊；饮水消毒，2％～5％碘酊，每升水加3～5滴；局部涂敷，5％～10％碘酊。

3. 主要用于创伤黏膜的消毒防腐药　除高锰酸钾有较强的杀菌作用外，其他药物的杀菌效力均很弱，但刺激性小或无刺激性。

（1）酸类。用于创伤、黏膜面的防腐消毒药物，酸性弱，刺激性小，不影响创伤愈合，故临床常用。

硼　酸

［性状］为无色微带珍珠光泽的结晶或白色疏松的粉末；无臭，溶于水，常制成软膏剂或临用前配成溶液。

［作用与用途］外用于洗眼或冲洗黏膜，治疗眼、鼻、口腔等黏膜炎症，也用其软膏涂敷患处，治疗皮肤创伤和溃疡等。

［注意事项］外用一般毒性不大，但不适用于大面积创伤和新生肉芽组织，以避免吸收后蓄积中毒。

［用法与用量］外用，2%～4%溶液冲洗或用软膏涂敷患处。

（2）过氧化物类。是一类应用广泛的消毒剂，杀菌能力强且作用迅速，价格低廉。但不稳定、易分解、有的对消毒物品具有漂白和腐蚀作用。

高 锰 酸 钾

［性状］本品为黑紫色、细长的菱形结晶或颗粒，带蓝色的金属光泽，无臭。本品溶于水，常制成粉剂。

［作用与用途］用于皮肤创伤及腔道炎症的创面消毒；与福尔马林联合应用于鹅舍、库房、孵化器等的熏蒸消毒；也用于止血、收敛、有机物中毒。

［注意事项］①现用现配。②遇福尔马林或甘油发生剧烈燃烧，与活性炭共研会爆炸。③不可内服。④应用于皮肤创伤、腔道炎症及有机毒物中毒时必须稀释为0.2%以下浓度。⑤有机物极易使高锰酸钾分解而使作用减弱；在酸性环境中杀菌作用增强。

［用法与用量］鹅有机毒物中毒时的解救，0.05%～0.1%溶液；创伤冲洗，0.1%～0.2%溶液；水体消毒每升水加入4～5

毫克。

（二）常备抗寄生虫药物

阿 苯 达 唑

［性状］为白色或类白色粉末；无臭，无味。本品不溶于水，常制成片剂。

［作用与用途］具有广谱驱虫作用，对成虫、未成熟虫体和幼虫均有较强作用，还有杀虫卵效能，对线虫最敏感。用于鹅线虫病、绦虫病和吸虫病等。

［注意事项］休药期：鹅 4 天。

［用法与用量］内服，一次量，每千克体重 10～20 毫克。

盐酸左旋咪唑

［性状］为白色或类白色针状结晶或结晶性粉末；无臭，味苦。

［作用与用途］用作鹅的胃肠道线虫病。

［注意事项］中毒可用阿托品解救，产蛋期禁用。

［用法与用量］内服，一次量，每千克体重 25 毫克；皮下、肌内注射，一次量，每千克体重 25 毫克。

伊 维 菌 素

［性状］又称害获灭，为白色结晶性粉末；无臭，无味。几乎不溶于水，常制成注射液和预混剂。

［作用与用途］本品对畜禽体内外多数寄生虫，节肢动物如螨虫、虱子等均有良好驱杀作用；对绦虫、原虫无效。

［注意事项］中毒量和治疗量较为接近，易中毒，产蛋期禁用。

［用法与用量］伊维菌素粉含 0.2％，拌料按 100 千克添加

用

药

篇

本品 10 克，用于驱体内寄生虫，宜于 7～10 天后重复给药一次。伊维菌素注射液（1%），按每千克体重用 0.2 毫升。

地 克 珠 利

[性状] 又称三酸苯乙氰、杀球灵，为微黄色至灰棕色粉末；几乎无臭。是目前抗球虫药中用药浓度最低的一种，不溶于水，常制成预混剂和溶液。

[作用与用途] 可用于预防鹅球虫病。

[注意事项] ①本品须连续用药以防止球虫病再度暴发。②本品用药浓度极低，药料必须充分拌匀。③饮水液，必须现用现配。④产蛋鹅禁用。⑤休药期：鹅 5 天。

[用法与用量] 混饲，每 1 000 千克饲料 1 克；混饮，每升水 0.5～1 毫克。

磺 胺 喹 噁 啉

[性状] 又称磺胺喹沙啉，为黄色粉末；无臭。本品为畜禽专用的抗球虫药，几乎不溶于水，常制成预混剂。

[作用与用途] 用于防治鹅的球虫病，亦用于禽霍乱、大肠杆菌病等细菌性感染。

[注意事项] ①本品对雏鹅有一定毒性，连续喂饲不得超过 5 天。②具有抗球虫和控制肠道细菌感染的双重功效。③加大浓度或连续使用易引起毒性反应。④产蛋期禁用。⑤休药期：10 天。

[用法与用量] 内服，一次量，每千克体重 10～15 毫克。以其预混剂计：混饲，每 1 000 千克饲料 300～600 克。

（三）常备抗生素

1. β-内酰胺抗生素

（1）青霉素类抗生素。

青霉素 G 钠或钾

［性状］为白色结晶性粉末，无臭或微臭。本品极易溶于水，常制成粉针。

［作用与用途］用于敏感病原体所致的各种感染。

［注意事项］①本品内服易被胃酸破坏。②本品毒性小，但局部刺激性强，可产生疼感，钾盐尤甚。③现配现用。④本品与四环素类、氯苯尼考、红霉素、抑菌剂合用，抗菌活性降低。

［用法与用量］肌内注射，一次量，每千克体重 5 万单位，每天 2～3 次，连用 3～4 天。

阿 莫 西 林

［性状］为白色或类白色结晶性粉末；味微苦，常制成可溶性粉、注射剂。

［作用与用途］用于巴氏杆菌、大肠杆菌、沙门氏菌、葡萄球菌、链球菌等敏感菌所致的呼吸系统、皮肤及软组织等感染。

［注意事项］①本品与克拉维酸按 4∶1 比例制成复合片剂或混悬液，提高对耐药葡萄球菌感染的疗效。②休药期：鹅 7 天。③产蛋期禁用。

［用法与用量］混饮，每升水 60 毫克，连用 3～5 天。

（2）头孢菌素类抗生素。

头 孢 噻 呋

［性状］为类白色或淡黄色粉末。不溶于水，其钠盐则易溶于水，常制成粉针、混悬型注射液。

［作用与用途］常用于革兰氏阳性和革兰氏阴性菌感染，如雏鹅的大肠杆菌感染。

［注意事项］有肾毒性，可引起胃肠道菌群紊乱或二重感染。本品内服不吸收，肌内和皮下注射吸收迅速且分布广泛，有效血

药浓度维持时间较长。

[用法与用量] 皮下注射，1 日龄雏鹅，每羽 0.1～0.2 毫克，每天 1 次，连用 3 天。

2. 氨基糖苷类抗生素

硫 酸 卡 那 霉 素

[性状] 为白色或类白色粉末。本品易溶于水，常制成粉针、注射液。

[作用与用途] 内服用于治疗敏感菌所致的肠道感染；肌内注射用于治疗敏感菌所致的各种严重感染，如泌尿生殖道感染、败血症、皮肤和软组织感染等。

[注意事项] ①毒性比链霉素和庆大霉素强，比新霉素小，与强效利尿剂合用可加强毒性。②肾毒性大于链霉素。③体药期：28 天。

[用法与用量] 一次量，每 10 千克水 1 克。每天 2 次，连用 3～5 天。

硫 酸 庆 大 霉 素

[性状] 为白色或类白色的粉末；无臭。本品易溶于水，常制成片剂、粉剂、注射液。

[作用与用途] 用于敏感菌引起的败血症、泌尿生殖道感染、呼吸道感染、胃肠道感染、胆管感染、乳腺炎、皮肤和软组织感染等。

[注意事项] ①长期或大量应用可引起可逆性肾毒性的发生率较高，并与头孢菌素合用肾毒性增强。②静脉推注时，神经肌肉传导阻滞作用明显，可引起呼吸抑制作用。

[用法与用量] 混饮，每升水 20～40 毫克，连用 3 天。

硫 酸 安 普 霉 素

[性状] 为微黄色至黄褐色粉末，易溶于水，常制成可溶性

粉、预混剂。

［作用与用途］用于治疗革兰氏阴性菌引起的肠道感染，如鹅大肠杆菌、沙门氏菌引起的感染。

［注意事项］①本品是治疗大肠杆菌的首选药。②遇铁锈易失效，也不宜与微量元素制剂联合使用；饮水给药必须当日配制。③长期或大量应用可引起肾毒性。④休药期：鹅7天。⑤蛋鹅产蛋期禁用。

［用法与用量］混饮，每升水250～500毫克，连用5天；每1000千克饲料5克，连用7天。

3. 大环内酯类抗生素

泰 乐 菌 素

［性状］为白色至浅黄色粉末，微溶于水，其酒石酸盐、磷酸盐溶于水，常制成可溶性粉、预混剂、注射剂。

［作用与用途］用于防治鹅的支原体。

［注意事项］①休药期：可溶性粉1天；预混剂5天。②产蛋鹅禁用。

［用法与用量］以酒石酸泰乐菌素计：皮下或肌内注射，每千克体重5～13毫克；混饮，每升水500毫克，连用3～5天；混饲，每1000千克饲料300～600克。

替 米 考 星

［性状］为白色粉末，其磷酸盐在水中溶解，常制成溶液、预混剂、注射剂。

［作用与用途］①本品的抗菌谱与泰乐菌素相似。对金黄色葡萄球菌、化脓链球菌等革兰氏阳性菌敏感，对沙门氏杆菌、溶血性巴氏杆菌和多杀性巴氏杆菌等少数革兰氏阴性菌也敏感。②对支原体、螺旋体也有良好作用。

［注意事项］①本品对胸膜肺炎放线杆菌、巴氏杆菌及畜禽

支原体作用强于泰乐菌素。②非肠道给药毒性比口服大。③不能与人的眼接触。④休药期：溶液，鹅10天。⑤产蛋鹅禁用。

〔用法与用量〕混饮，每升水75毫克，连用5天。

4. 四环素类抗生素 兽医临床上常用药的抗菌活性强弱依次为多西环素＞金霉素＞四环素＞土霉素。

土 霉 素

〔性状〕又称氧四环素，为淡黄色或暗黄色的结晶性或无定形粉末；无臭，其盐酸盐在水中易溶，常制成粉针、片剂、注射液。

〔作用与用途〕用于治疗敏感病原体引起的感染性疾病，如大肠杆菌、沙门氏菌。

〔注意事项〕①土霉素的盐酸盐水溶液的局部刺激性强，注射剂一般用于静脉注射，但浓度为20％的长效土霉素注射液则可分点深部肌内注射。②与泰乐菌素等大环内酯类合用呈协同作用。③休药期：土霉素内服，鹅5天。④忌与碱性食物或碳酸氢钠同用。

〔用法与用量〕内服，一次量，每千克体重25～50毫克，每天2～3次，连用3～5天；静脉注射，一次量，每千克体重15～25毫克，每天1次，连用3～5天。

盐 酸 多 西 环 素

〔性状〕又称盐酸脱氧土霉素、盐酸强力霉素，为淡黄色或黄色结晶性粉末；无臭，味苦，易溶于水，常制成片剂。

〔作用与用途〕用于治疗革兰氏阳性、阴性菌和支原体引起的感染性疾病，如溶血性链球菌病、葡萄球菌病、大肠杆菌病、巴氏杆菌病、沙门氏菌病、布氏杆菌病等。

〔注意事项〕①本品在四环素类抗生素中毒性最小。②产蛋鹅禁用。

〔用法与用量〕内服，一次量，每千克体重 15～25 毫克，每天 1 次，连用 3～5 天。

5. 林可胺类抗生素

盐酸林可霉素

　　〔性状〕又称盐酸洁霉素，为白色结晶性粉末；有微臭或特殊臭，味苦，易溶于水，常制成可溶性粉、预混剂、片剂、注射液。

　　〔作用与用途〕可用于治疗鹅敏感革兰氏阳性菌和支原体感染，如鹅慢性呼吸道病和鹅坏死性肠炎等。

　　〔用法与用量〕混饮，每升水 20～40 毫克，连用 5～10 天。混饲，每 1 000 千克饲料 2 克，连用 1～3 周。

6. 多肽类抗生素

硫 酸 黏 菌 素

　　〔性状〕又称黏杆菌素、抗敌素，为白色或类白色粉末；无臭。本品易溶于水，常制成可溶性粉、预混剂。

　　〔作用与用途〕主要用于防治鹅的革兰氏阴性菌所致的肠道感染；外用治疗烧伤和外伤引起的绿脓杆菌感染。

　　〔注意事项〕①休药期：鹅 7 天。②蛋鹅产蛋期禁用。

　　〔用法与用量〕以黏菌素计：混饮，每升水 20～60 毫克；混饲，每 1 000 千克饲料 2～20 克。

（四）常备合成抗菌药

恩 诺 沙 星

　　〔性状〕又称乙基环丙沙星，为微黄色或淡橙黄色结晶性粉末，常制成溶液、可溶性粉、注射液和片剂。

　　〔作用与用途〕广泛用于鹅的敏感细菌的感染性疾病。

[注意事项] 产蛋鹅禁用。

[用法与用量] 混饮，每升水 50～75 毫克，连用 3～5 天；内服，一次量，每千克体重 5～7.5 毫克，每天 2 次，连用 3～5 天。

盐酸沙拉沙星

[性状] 为类白色至淡黄色结晶性粉末；无臭，味微苦，常制成可溶性粉、溶液、注射液和片剂。

[作用与用途] 用于鹅敏感菌所致的感染性疾病，如鹅的大肠杆菌病、沙门氏菌病、支原体病、链球菌病和葡萄球菌感染等。

[注意事项] 产蛋期禁用。

[用法与用量] 以沙拉沙星计：混饮，每升水 50～100 毫克，连用 3～5 天。内服，一次量，每千克体重 5～10 毫克，每天 1～2 次，连用 3～5 天。肌内注射，一次量，每千克体重 2～3 毫克，每天 2 次，连用 3～5 天。

磺 胺 嘧 啶

[性状] 为白色或类白色的结晶粉末；无臭、无味。本品几乎不溶于水，其钠盐易溶于水，常制成片剂、预混剂、注射液。

[作用与用途] 适用于各种敏感病原体所致的全身感染。

[注意事项] 不宜与等量碳酸氢钠同服。长期大剂量应用可引起肠道菌群失调，可影响叶酸的代谢和吸收。

[用法与用量] 混饲，一天量，每千克体重 25～30 毫克，连用 10 天。混饮，每升水 80～160 毫克，用 5～7 天。

磺胺间甲氧嘧啶

[性状] 又称磺胺-6-甲氧嘧啶、制菌磺、长效磺胺 C，为白色或类白色的结晶性粉末；无臭，无味。本品不溶于水，其钠盐

易溶于水，常制成片剂、注射液。

〔作用与用途〕用于敏感病原体引起的感染，如呼吸道、消化道、泌尿道感染及球虫病等。

〔注意事项〕忌与酸性药物混合使用。

〔用法与用量〕内服，一次量，每千克体重首次量 20～30 毫克，维持量 15～20 毫克。每天 2 次，连用 3～5 天。静脉注射，一次量，每千克体重 10～15 毫克，每天 1～2 次，连用 2～3 天。

甲 砜 霉 素

〔性状〕又称硫霉素，为白色结晶性粉末；无臭，常制成粉剂、片剂。

〔作用与用途〕用于治疗肠道、呼吸道等敏感菌所致的感染。

〔注意事项〕①本品有血液系统毒性，可逆性地抑制红细胞生长。②肾功能不全患鹅减量或延长给药间期。③本品有较强的免疫抑制作用，对疫苗接种期间或免疫功能严重缺损的鹅应禁用。

〔用法与用量〕内服，一次量，每千克体重 5～10 毫克，每天 2 次，连用 2～3 天。

氟 苯 尼 考

〔性状〕又称氟甲砜霉素，为白色或类白色的结晶性粉末；无臭。本品是动物专用抗菌药，极微溶于水，常制成粉剂、溶液、预混剂、注射液。

〔作用与用途〕对巴氏杆菌高度敏感，用于治疗鹅敏感菌所致的感染。

〔注意事项〕①产蛋期禁用。②可出现短暂的厌食、饮水减少和腹泻等不良反应。停药后消失。

［用法与用量］内服，每千克体重 20～30 毫克，每天 2 次，连用 3～5 天；混饮，每升水 100 毫升，连用 3～5 天；肌内注射，一次量，每千克体重 20 毫克，每隔 48 小时 1 次，连用 2 次。

（五）常备抗病毒药

金 丝 桃 素

［性状］本品为深棕色或棕褐色粉末。

［作用与用途］清热解毒，收敛止血，抗菌、抗病毒、镇定。主治感冒，肝炎，金黄葡萄球菌病，血痢，创伤出血，咯血。

［注意事项］喂水时要稍微加大用量。

［用法与用量］每 1 千克饲料中添加 0.15～0.3 克；每升水中添加 0.1～0.2 克，预防量减半。

植 物 血 凝 素

［性状］维生素 C≥0.5%，维生素 E≥0.5%，植物血凝素（西藏红芸豆提取物）为载体。

［作用与用途］广谱抗病毒和免疫增强、协同增效作用。

［注意事项］与疫苗免疫仅仅需要间隔半天时间，同时能够降低疫苗应激，增强免疫效果。

［用法与用量］饮水或拌料，每 100 克本品供雏鹅 8 000 羽、成年鹅 6 000 羽，集中饲喂效果更佳。视日龄及具体情况作适当调用量，必要时须遵医嘱。

黄 芪 多 糖

［性状］本品为黄褐色或灰黄色粉末，味甜，微苦。

［作用与用途］具有抗病毒、提高机体免疫能力、抗应激作

用。用于小鹅瘟、鹅流感。

　　[注意事项] 休药期：5天。

　　[用法与用量] 每1千克饲料中添加0.3～0.6克；每升水中添加0.15～0.3克，预防量减半。

二、药物使用

抗微生物药是目前兽医临床使用最多和最重要的药物，但不合理使用尤其是滥用的现象较为严重，不仅造成药品的浪费，而且导致不良反应增多、细菌耐药性的产生和兽药残留等。

（一）药物使用之前须对药物质量进行检查

对于符合以下条件之一者，均不可使用。

1. 假兽药　①以非兽药冒充兽药的；②兽药所含成分、种类、名称与国家标准、专业标准或地方标准不符合的；③未取得批准文号的；④农业部明文规定禁止使用的。

2. 劣兽药　①兽药成分、含量与国家标准、专业标准或地方标准不符合的；②超过有效的；③因变质不能药用的；④因被污染不能药用的；⑤与兽药标准不符合，但不属于假兽药的其他兽药。

（二）正确诊断、准确选药

只有明确病原，掌握不同抗菌药物的抗菌谱，才能选择对病原菌敏感的药物。细菌的分离鉴定和药敏试验是合理选择抗菌药的重要手段。鹅活菌疫苗接种一周内停用抗菌药。

（三）制订合适的给药方案

抗菌药在机体内要发挥杀灭或抑制病原菌的作用，必须在靶组织或器官内达到有效的浓度，并能维持一定的时间。因此，必须有合适的剂量、间隔时间及疗程；同时，血中有效浓度维持时间受药物在体内的吸收、分布、代谢和排泄的影响。因此，应在考虑各药的药物动力学、药效学特征的基础上，结合畜禽的病情、体况，制订合适的给药方案，包括药物品种、给药途径、剂量、间隔时间及疗程等。

（四）防止产生耐药性

严格掌握适应证，不滥用抗菌药物；严格掌握剂量与疗程；病因不明者，不要轻易使用抗菌药；发现耐药菌株感染，应改用对病原菌敏感的药物或采取联合用药；尽量减少长期用药。

（五）正确的联合应用

临床中根据抗菌药物的抗菌机理和性质，将其分为四大类：Ⅰ类为繁殖期或速效杀菌剂，如青霉素类、头孢菌素类；Ⅱ类为静止期或慢效杀菌剂，如氨基糖苷类、多黏菌素类（对静止期或繁殖期细菌均有杀菌活性）；Ⅲ类为速效抑菌剂，如四环素类、大环内酯类；Ⅰ维生素类为慢效抑菌剂，如磺胺类等。Ⅰ类与Ⅱ类合用一般可获得增强作用，如青霉素G和链霉素合用。Ⅰ类与Ⅲ类合用出现颉颃作用。例如，四环素＋青霉素G合用出现颉颃。Ⅰ类与Ⅰ维生素类合用，可能无明显影响。

（六）采取综合治疗措施

机体的免疫力是协同抗菌药的重要因素，外因通过内因而起作用，在治疗中过分强调抗菌药的功效而忽视机体内在因素，往往是导致治疗失败的重要原因之一。在使用抗菌药物的同时，根据病鹅的种属、年龄、生理、病理状况，采取综合治疗措施，增强抗病能力，促进疾病康复。

三、药物储存

药物储存不当，可引起变质、失效，甚至毒性增强。

（一）建立良好的储存管理制度

1. 不同兽药品种应分区、分类保管、储存，并保证具有足够的运作空间，最大限度地减少差错和交叉污染。

2. 各类区域、各类品种要设置明显标志。处方药与非处方药、兽药原料与制剂、内用兽药与外用兽药应分开存放；中药材、中药饮片、危险品应当与其他兽药分开存放。

3. 兽药应按批号、效期分类相对集中存放，按批号及效期远近依次或分开堆码，并有明显标志，不同批号兽药不得混垛。

4. 药房的地面、墙壁、顶棚等内表面要求平整、光洁，门窗结构严密，易清洁。

5. 兽药储存室应用垫板垫 10～20 厘米，使药品与地面之间保持一定的距离，兽药堆码与墙壁、顶棚、散热器等之间也应有适宜的间距。

6. 避光、通风、排水等设施、设备要齐全。易挥发或易改变药效的药物应用棕色瓶避光保存，易潮解的药品应注意通风，并放置干燥剂。

7. 储存室的温度、湿度等要符合兽药储存条件要求，阴凉温度应在 20℃ 以下。

8. 要有防尘、防潮、防霉、防污染和防虫、防鼠、防鸟等设施、设备。

9. 照明设备应符合安全用电的要求。具有符合规定的防火、防水、防盗等安全设施、设备等。

10. 在药房内要放置一块兽药质量信息公示板。相关设施、设备应摆放整齐、表面应整洁、完好。

（二）建立库房条件，设施设备配置的管理制度

1. 应具有能够保证储存兽药质量要求的常温库、阴凉库、冷库（柜）等储存仓库和相关设施、设备。

2. 仓库的地面、墙壁、顶棚等内表面要求平整、光洁，门窗结构严密，易清洁。

3. 仓库内应布局合理，无相互妨碍，并采取相应的安全保卫措施。相邻区域之间有不利影响时要采取有效的隔离措施，对兽药质量有影响的区域要采取有效的控制措施。

4. 易燃、易爆药品的兽药应设置独立的仓库，并具有符合有关规定的安全设施、设备，如防火灯、灭火器等，并做到双人双锁保管，专账记录，账物相符。

（三）建立药房卫生管理制度

1. 药品仓库的周围环境应整洁，远离垃圾堆放场，地势干燥，无粉尘、有害气体及污水等污染源。

2. 药房内不得种植易招虫的花草树木，地面应平坦、整洁、无积水、无垃圾，排水沟道畅通。

3. 库房内墙壁和顶棚表面应光洁，库内地面平坦，无缝隙。

4. 库房门窗结构应严密，并装配有安全可靠的锁、栓设施。

5. 库房应配备有防尘避光设施、防虫防鼠设施、通风排水设施、符合安全要求的照明设施及消防安全设施。

6. 库房内不得有蜘蛛网、鼠洞、鼠迹。

7. 仓库内地面与用具应保持清洁，不得有积尘污垢，药品包装不得积尘污损。

8. 仓库内药品摆放应符合储存条件要求及分类存放的有关规定。

9. 仓库内不得烹煮和存放食物，以免招鼠惹虫，影响药品质量。

生产管理档案篇

YANG'E RICHENG GUANLI JI YINGJI JIQIAO

鹅生产管理档案是指在鹅日常饲养生产中，所涉及的相关饲养管理资料，且以资料档案的形式加以保存，以便日后查阅。其基本任务是：在研究鹅资料档案的基础上，提出不同类型鹅日常生产管理的科学理论、原则与方法，指导鹅生产实践，提高鹅生产管理的科学水平，为相关企业或部门提供实践资料，进一步提高鹅生产管理的效率，实现鹅经济产业的效益最大化。

　　根据鹅生产管理实际，在实施档案管理的过程中，主要在以下几个方面进行介绍。

生产管理档案篇

一、投入品管理记录

1. 引种记录 记录内容包括供种单位、鹅品种、代次、引种日期与数量、供种单位种畜禽生产经营许可证编号等信息。

表 5-1　引种记录

供种单位及联系方式			品种	
代次	规格（苗禽/种蛋）		亲本状况	
单价	引种日期		引种数量	
供方种畜禽生产经营许可证编号	运输方式		运输消毒证编号	
供方动物防疫条件合格证编号	出场免疫情况		产地检疫证编号	
备注				

2. 疫苗、药品采购与保管记录 记录内容包括名称、种类、产地、生产单位、经销商、采购日期、包装规格、进库数量、单价、批号、有效期、采购人、保存方式等信息。

表 5-2　疫苗、药品采购与保管记录

项　　目	品名 1	品名 2	品名 3	品名 4
种类（疫苗）				

生产管理档案篇

项　目	品名 1	品名 2	品名 3	品名 4
产地或生产单位				
经销商				
采购日期				
进库数量				
包装规格				
单价				
批号（疫苗、药品）				
有效期（疫苗、药品）				
保存方式（疫苗、药品）				
采购人				

3. 饲料、饲料添加剂的采购与使用记录　对饲料采购与使用要加强管理，每次饲料采购入库时都要有仓库管理人员在场，记录饲料的入库时间、种类、数量、厂家；饲养员需要从仓库中领取饲料时也要登记时间、种类、数量、使用鹅舍号并签字。这样有利于知道饲料的走向、及时订制饲料的数量及种类，保证生产的正常运行。

表 5-3　饲料入库记录

入库日期	厂家	饲料名称（种类）	数量（吨）	送料人签字	保管员签字	备注

生产管理档案篇

表 5-4　饲料出库记录

领用日期	品种	饲料名称	鹅舍号	数量（袋）	领用人签字	保管员签字	备注

4. 疫苗使用（免疫）记录　记录内容包括栋号、品种、疫苗种类、名称、类型、计划接种日期、接种日期、日龄、鹅群数量、接种方法、接种剂量、领用数量、接种人、生产单位、批号、有效期、接种效果等信息。

表 5-5　疫苗使用（免疫）记录

栋号：　　　　　　品种：　　　　　　饲养员：

种类	名称	类型	计划接种日期	实际接种日期	日龄	接种方法	免疫剂量	领用总量	载体用量	接种人	疫苗制造商及批号	有效期	接种效果	备注

5. 药品使用记录　记录内容包括栋号、品种、药物名称、日龄、防治目的、开始日期、停药日期、用药剂量、领用数量、使用方法、休药期、治疗反应、使用人、生产单位、批号、有效期等信息。

表 5-6　药品使用记录

栋号：　　　　　　品种：　　　　　　饲养员：

药物名称	日龄	鹅群数量	包装规格	疾病诊断	开始日期	停止日期	用药剂量	领用数量	使用方法	休药期	治疗反应	使用人	生产单位	批号	有效期	备注

二、生产过程管理记录

1. 种蛋保存记录 记录内容包括种蛋进库日期、种蛋品种、种蛋进库数、入孵数、送门市数及重量、同时，记录每日蛋库的最高、最低温度等情况。

表 5-7　种蛋保存记录

日期	种蛋品种	送孵正品数	孵化人员签字	送门市数及重量				保管员签字	最高温	最低度	饲养员签字	备注
				好蛋数	总重	破蛋数	总重					

2. 孵化记录 记录内容包括入孵日期、箱号、出雏日期、责任人、记录人、品种、入孵蛋数、头照无精蛋数、死胚数、受精蛋数、受精率、出雏数、出雏率、健雏数、受精蛋孵化率等信息。计算出受精率：受精率＝受精蛋数/入孵蛋数×100%与受精蛋孵化率＝出雏数/受精蛋数×100%。

表 5-8　孵化记录

批次：　　箱号：　　入孵日期：　　出雏日期：　　责任人：　　记录人：

品种					合计	备注
入孵蛋数						
头照	无精蛋						
	受精蛋	死胎					
		活胚					
		总数					
受精率						
出雏	健雏						
	弱雏						
	死雏						
	总出雏数						
孵化率	受精蛋						
	入孵蛋						
活胚健雏率						

3. 生产日记录　记录内容包括栋号、品种、出雏日期、日龄、进雏数、饲养员、温度、存栏数、死淘数、喂料量、产蛋重、光照时间、防疫、采血等信息。

表 5-9　生产记录

栋号：　　品种：　　出雏日期：

日期	日龄	存栏数			死淘数			喂料量				产蛋情况			温度	天气	光照	备注（防疫、采血等）	饲养员签名
		公	母	合计	公	母	合计	育雏	育成	育肥	产蛋	产蛋总数	合格蛋	淘汰蛋					

4. 消毒记录 记录内容包括消毒日期、对象、方法、消毒剂名称、生产厂家、批号、用量、稀释倍数、消毒人等，保留消毒剂标签。

表5-10 消毒记录

日期	消毒对象	消毒方法	消毒剂名称	生产厂家	批号	用量	稀释倍数	消毒人	备注

5. 病死禽现场剖检诊断记录 记录内容包括剖检日期、品种、栋号、日龄、群体数量、死亡情况、临床症状、剖检病变及原因分析、处理措施。

表5-11 临床诊断记录

日期		栋号		品种		日龄		群体数量		死亡数量	
临床症状：											
剖检病变及原因分析：											
疑似病例					用药情况						
用药方法					诊疗人员						

6. 无害化处理记录

（1）病死禽、死胎等无害化处理记录。记录内容包括（病死禽、死胎等）无害化处理的日期、栋号、品种、数量、死亡原因、处理方法、处理人等。

表5-12 病死禽、死胎无害化处理记录

日期	栋号	品种	数量	处理原因	处理方法	处理人签字	兽医签字	备注

日期	栋号	品种	数量	处理原因	处理方法	处理人签字	兽医签字	备注

（2）过期疫苗、药品、疫苗包装瓶等无害化处理记录。记录内容包括无害化处理的日期、种类、品种、规格、批号、数量、处理原因、处理方法、处理人等。

表5-13　过期疫苗、药品、活疫苗包装瓶等无害化处理记录

日期	种类	品种	规格	批号	数量	处理原因	处理方法	处理人签字	备注

生产管理档案篇

三、其他记录

1. 抗体检测记录 记录内容包括禽群相关疫病检测的样品采集情况、检测与净化方法、检测数量、检测结果、检测人、处理情况等。

表 5-14　抗体检测记录

采样日期	品种	日龄	采样人	检测数量	检测项目	检测与净化方法	检测结果	检测人	处理情况	备注

2. 防疫监测记录 记录内容包括采样日期、圈舍号、采样数量、监测项目、监测单位、监测结果、处理情况等信息。

表 5-15　防疫监测记录

采样日期	圈舍号	采样数量	监测项目	监测单位	监测结果	处理情况	备注

3. 销售记录

（1）苗禽（种蛋）销售。记录内容包括购买单位名称、地址、联系方式、日期、品种、数量、单价、检疫合格证、运输消毒证、饲养手册提供情况等信息。

表 5-16　苗禽（种蛋）销售记录表

购买单位名称			
地址/联系方式			
供货日期		产品种类（种蛋、苗禽）	
品种		代次	
数量		价格	
《动物及动物产品运载工具消毒证明》编号		《出县境动物检疫合格证明》编号	
种畜禽生产经营许可证复印件是否提供		饲养指南是否提供	

（2）商品鹅、蛋销售。记录内容包括购买单位名称、地址、联系方式，日期、种类、数量、单价、运输情况等信息。

表 5-17　商品鹅、蛋销售记录表

购买单位名称		地址/联系方式	
购买日期	产品种类（禽、蛋）		数量
价格	运输情况		包装规格
《动物及动物产品运载工具消毒证明》编号		《出县境动物检疫合格证明》编号	

生产管理档案篇

第6篇

基本资料篇

YANG'E RICHENG GUANLI JI YINGJI JIQIAO

一、鹅品种介绍

　　鹅的品种是指来源相同、形态相似、结构完整、遗传性能稳定、具有一定数量和较高经济价值的鹅群。家鹅的祖先来自雁属中的鸿雁和灰雁。中国家鹅品种中，除原产于新疆的伊犁鹅起源于灰雁外，其他品种都是鸿雁的后代。欧洲鹅绝大多数来自灰雁。起源于鸿雁的家鹅头部都有额瘤，成年公鹅的特别突出、硕大；颈细长呈弓形；前躯抬起与地面保持明显的角度。起源于灰雁的家鹅外形上正好与之相反，其特征为：头浑圆而无额瘤；颈粗短而直；前躯几乎与地面保持水平状态。由于各地自然环境、社会经济条件、饲养管理技术以及培育目的不同，经过劳动人民的长期选种、选育，形成了许多不同的品种。按鹅的产地来分，鹅品种可分为亚洲类、非洲类、欧洲类、美洲类；按羽毛颜色来分，可把鹅的品种分为白羽品种、灰羽品种及少量的浅黄羽色品种；按经济用途来分可分为肉用型和肥肝型；养鹅的主要用途是食肉，人们习惯于按体重来划分，将鹅分为大、中、小三种类型。一般成年体重公鹅在 9 千克以上，母鹅在 8 千克以上为大型品种；成年体重公鹅在 5 千克以下，母鹅在 4 千克以下为小型品种；介于两者之间的为中型品种。

（一）国内鹅品种

1. 小型鹅品种

（1）太湖鹅。原产于江苏、浙江两省沿太湖的县、市，现遍布江苏、浙江、上海，在东北、河北、湖南、湖北、江西、安徽、广东、广西等地均有分布。

外貌特征：体型较小，全身羽毛洁白，体质细致、紧凑。体态高昂，肉瘤姜黄色、发达、圆而光滑，颈长、呈弓形，无肉垂，眼睑淡黄色，虹彩灰蓝色，喙、跖、蹼呈橘红色，爪白色。公鹅喙较短，约6.5厘米左右，性情温顺，叫声低，肉瘤小。

生长与产肉、产绒性能：成年公鹅体重4330克，母鹅3230克，公、母体斜长分别为30.4厘米和27.41厘米，龙骨长分别为16.6厘米和14.0厘米。太湖鹅雏鹅初生重为91.2克，70日龄上市体重为2320克，棚内饲养则可达3080克。成年公鹅的半净膛率和全净膛率分别为84.9%和75.6%；母鹅则分别为79.2%和68.8%。太湖鹅经填饲，平均肝重为251～313克，最大达638克。此外，太湖鹅羽绒白如雪，经济价值高，每只鹅可产羽绒200～250克。

繁殖性能：性成熟较早，就巢性弱，母鹅160日龄即可开产。公、母鹅配种比例1：6～7。一个产蛋期（当年9月至次年6月）每只母鹅平均产蛋60个，高产鹅群达80～90个，高产个体达123个，种蛋受精率可达90%以上，受精蛋孵化率可达85%以上。平均蛋重135克，蛋壳色泽较一致，几乎全为白色，蛋形指数为1.44。

（2）豁眼鹅。又称豁鹅，因其上眼睑边缘后上方豁口而得名。原产于山东莱阳地区，因集中产区地处五龙河流域，故曾名五龙鹅。在中心产区莱阳建有原种选育场。近年来，该品种在新疆、广西、内蒙古、福建、安徽、湖北等地均有分布。

外貌特征：体型轻小紧凑，全身羽毛洁白。喙、胫、蹼均为橘黄色，成年鹅有橘黄色肉瘤。眼三角形，眼睑淡黄色，两眼上眼睑处均有明显的豁口，此为该品种独有的特征。虹彩蓝灰色。头较小，颈细稍长。公鹅体型较短，呈椭圆形，有雄相。母鹅体型稍长，呈长方形。山东的豁眼鹅有咽袋，腹褶者少数，有者也较小，东北三省的豁眼鹅多有咽袋和较深的腹褶。豁眼鹅雏鹅绒毛黄色，腹下毛色较淡。

生长与产肉、产绒性能：公鹅初生重 70～78 克，母鹅 68～79 克；60 日龄公鹅体重 1 388～1 480 克，母鹅 884～1 523 克；90 日龄公鹅体重 1 906～2 469 克，母鹅 1 780～1 883 克。成年公鹅平均体重 3 720～4 440 克，母鹅 3 120～3 820 克；屠宰活重 3 250～4 510 克的公鹅，半净膛率 78.3%～81.2%，全净膛率 70.3%～72.6%；活重 2 860～3 700 克的母鹅，半净膛率为 75.6%～81.2%，全净膛率 69.3%～71.2%。仔鹅填饲后，肥肝平均重 324.6 克，最大 515 克，料肝比 41.3：1。羽绒洁白，含绒量高，但绒絮稍短。成年鹅一次活拔羽绒，公的 200 克，母的 150 克，其中含绒量 30%左右。

繁殖性能：公、母鹅配种比例 1：5～7，母鹅一般在 210～240 日龄开始产蛋，在放牧条件下，年平均产蛋 80 个，在半放牧条件下，年平均产蛋 100 个以上；饲养条件较好时，年产蛋 120～130 个，种蛋受精率 85%左右，受精蛋孵化率 80%～85%。平均蛋重 120～130 克，蛋壳白色，蛋壳厚度 0.45～0.51 毫米，蛋形指数 1.41～1.48。4 周龄、5～30 周龄、31～80 周龄成活率分别为 92%、95%和 95%。母鹅利用年限 3 年。

（3）乌鬃鹅。原产于广东省清远市，故又名清远鹅。因羽毛大部分为乌棕色，而得此名，也有叫墨鬃鹅的。中心产区位于清远市北江两岸。分布在粤北、粤中地区和广州市郊，以清远及邻近的花县、佛岗、丛化、英得县、市较多。

外貌特征：体型紧凑，头小、颈细、腿短。公鹅体型较大，呈榄核型；母鹅呈楔形。羽毛大部分呈乌棕色，从头顶部到最后颈椎有一条鬃状黑褐色羽毛带。颈部两侧的羽毛为白色，翼羽、肩羽、背羽和尾羽为黑色，羽毛末端有明显的棕褐色银边。胸羽灰白色或灰色，腹羽灰白色或白色。在背部两边，有一条起自肩部直至尾根的 2 厘米宽的白色羽毛带，在尾翼间未被覆盖部分呈现白色圈带。青年鹅的各部位羽毛颜色较成年鹅深。喙、肉瘤、胫、蹼均为黑色，虹彩棕色。

生长与产肉性能：初生重 95 克，30 日龄体重 695 克，70 日龄体重 2 850 克，90 日龄体重 3.170 克，料肉比为 2.31∶1。公鹅半净膛率和全净膛率分别为 87.4％和 77.4％，母鹅则分别为 87.5％和 78.1％。

繁殖性能：母鹅开产日龄为 140 天左右，有很强的就巢性，公、母鹅配种比例 1∶8～10。一年分 4～5 个产蛋期，平均年产蛋 30 个左右，种蛋受精率 87.7％，受精蛋孵化率 92.5％，平均蛋重 144.5 克。蛋壳浅褐色，蛋形指数 1.49，雏鹅成活率 84.9％。

（4）籽鹅　中心产区位于黑龙江省绥北和松花江地区，其中心肇东、肇源、肇州等县最多，黑龙江全省各地均有分布。因产蛋多，群众称其为籽鹅。该鹅种具有耐寒、耐粗饲和产蛋能力强的特点。

外貌特征：体型较小，紧凑，略呈长圆形。羽毛白色，一般头顶有缨，又叫顶心毛，颈细长，肉瘤较小，颌下偶有咽袋，但较小。喙、胫、蹼皆为橙黄色，虹彩为蓝灰色。腹部一般不下垂。

生长与产肉性能：初生公雏体重 89 克，母雏 85 克；56 日龄公鹅体重 2 958 克，母鹅 2 575 克；70 日龄公鹅体重 3 275 克，母鹅 2 860 克；成年公鹅体重 4 000～4 500 克，母鹅 3 000～3 500 克。70 日龄公母鹅半净膛率分别为 78.02％和 80.19％，全净膛率分别为 69.47％和 71.30％，胸肌率分别为 11.27％和 12.39％，腿肌率分别为 21.93％和 20.87％，腹脂率分别为 0.34％和 0.38％；24 周龄公母鹅半净膛率分别为 83.15％和 82.91％，全净膛率分别为 78.15％ 和 79.60％，胸肌率分别为 19.20％ 和 19.67％，腿肌率分别为 21.30％ 和 18.99％，腹脂率分别为 1.56％ 和 4.25％。

繁殖性能：母鹅开产日龄为 180～210 天，公、母鹅配种比例 1∶5～7，喜欢在水中配种，受精率在 90％ 以上，受精蛋孵化平均在 90％ 以上，高的可达 98％。一般年产蛋在 100 个以上，多的可达 180 个，蛋重平均 131.1 克，最大 153 克。蛋形指数为 1.43。

（5）酃县白鹅　中心产区位于湖南省酃县沔渡和十都两乡，以沔水和河漠水流域饲养较多。与酃县毗邻的资兴、桂东、茶陵和江西省的宁冈等县市均有分布，莲花县的莲花白鹅与酃县白鹅系同种异名。

外貌特征：酃县白鹅体型小而紧凑，体躯近似短圆柱体。头中等大小，有较小的肉瘤，母鹅的肉瘤扁平，不显著。颈长中等，体躯宽深，母鹅后躯较发达。全身羽毛白色。喙、肉瘤和胫、蹼橘红色，皮肤黄色，虹彩蓝灰色，公、母鹅均无咽袋。

生长与产肉性能：成年公鹅体重 4 000～5 300 克，母鹅 3 800～5 000 克。在放牧条件下，60 日龄体重 2 200～3 300 克，90 日龄 3 200～4 100 克。如饲料充足，加喂精饲料，60 日龄可达 3 000～3 700 克。对未经肥育的 6 月龄鹅进行屠宰测定，半净膛与全净膛的屠宰率公鹅分别为 82.00％、76.35％，母鹅分别为 83.98％、75.69％。放牧加补喂精料饲养的肉鹅，从初生到屠宰生长期共 105 天，平均体重为 3750 克，每只耗精料 3.28 千克，平均每千克增重耗精料为 0.88 千克。

繁殖性能：母鹅开产日龄 120～210 天，公母鹅配种比例 1∶3～4，种鹅利用 2～6 年。母鹅多在 10 月至次年 4 月间产蛋，分 3～5 个产蛋期，每期产 8～12 个蛋于一个窝内，之后开始抱孵。全繁殖季节平均产蛋 46 个，种蛋受精率平均高达 98％，受精蛋的孵化率达 97％～98％。第一年产蛋平均重 116.6 克，第二年为 146.6 克。蛋壳白色，蛋壳厚度 0.59 毫米，蛋形指数 1.49。雏鹅成活率 96%。

（6）长乐鹅。中心产区位于福建省长乐市，分布于邻近的闽侯、福州、福清、连江、闽清等县、市。

外貌特征：成年鹅昂首曲颈，胸宽而挺。公鹅肉瘤高大，稍带棱脊形；母鹅肉瘤较小，且扁平，颈长呈弓形，有卵圆形体躯和高抬而丰满的前躯，无咽袋，少腹褶。绝大多数个体羽毛灰褐色，纯白色仅占 5% 左右。灰褐色的成年鹅，从头部至颈部的背面，有一条深褐色的羽带，与背、尾部的褐色羽区相连接；颈部腹侧至胸、腹部呈灰白色或白色，颈部的背侧与腹侧羽毛界限明显。有的在颈、胸、肩交界处有白色环状羽带。喙黑色或黄色、肉瘤黑色、黄色或黄色带黑斑，皮肤黄色或白色，胫、蹼橘黄色，虹彩褐色或蓝灰色。纯白羽的个体，喙、肉瘤、蹼橘黄或橘红色，虹彩蓝灰色。长乐鹅群中常见灰白花或褐白花个体，这类杂羽鹅的喙、肉瘤、胫、蹼常见橘红带黑斑，虹彩褐色或蓝灰色。

生长与产肉性能：成年公鹅体重 3 300～5 500 克，母鹅 3 000～5 000 克。60 日龄仔鹅体重 2 700～3 500 克，70 日龄 3 100～3 600 克。70～90 日龄肉鹅半净膛率 81.78%，全净膛率 68.67%，长乐鹅经填肥 23 天后，肥肝平均重为 220 克，最大肥肝 503 克。

繁殖性能：7 月龄性成熟，就巢性较强，公、母鹅配种比例 1：6。一般每年有 2～4 个产蛋期，平均年产蛋量为 30～40 个，种蛋受精率 80% 以上，母鹅利用年限一般为 5～6 年，个别的可长达 8～10 年。平均蛋重为 153 克，蛋壳白色，蛋形指数为 1.39。

（7）伊犁鹅。又称塔城飞鹅、雁鹅。中心产区位于新疆维吾尔自治区伊犁哈萨克自治州各直属县、市，分布于新疆西北部的各州及博尔塔拉蒙古族自治州一带。

外貌特征：体型中等，与灰雁非常相似，颈较短，胸宽广而突出，体躯呈水平状态，扁椭圆形，腿粗短。头部平顶，无肉瘤突起。颌下无咽袋。雏鹅上体黄褐色，两侧黄色，腹下淡黄色，眼灰黑色，喙黄褐色，胫、趾、蹼均为橘红色，喙豆乳白色。成年鹅喙象牙色，胫、蹼、趾肉红色，虹彩蓝灰色。羽毛可分为灰、花、白3种颜色，翼尾较长。灰鹅头、颈、背、腰等部位羽毛灰褐色；胸、腹、尾下灰白色，并缀以深褐色小斑；喙基周围有一条狭窄的白色羽环；体躯两侧及背部，深浅褐色相衔，形成状似覆瓦的波状横带；尾羽褐色，羽端白色。最外侧两对尾羽白色。花鹅羽毛灰白相间，头、背、翼等部位灰褐色，其他部位白色，常见在颈肩部出现白色羽环。白鹅全身羽毛白色。

生长与产肉、产绒性能：放牧饲养，公、母鹅30日龄体重分别为1 380克和1 230克，60日龄体重3 030克和2 770克，90日龄体重为3 410克和2 967克，120日龄体重为3 690克和3 440克。8月龄肥育15天的肉鹅屠宰，平均活重3.81千克，半净膛率和全净膛率分别为83.6%和75.5%。平均每只鹅可产羽绒240克。

繁殖性能：有就巢性，公、母鹅配种比例1∶2～4，一般每年只有一个产蛋期，出现在3～4月间，也有个别鹅分春、秋两季产蛋。全年可产蛋5～24个，平均年产蛋量为10.1个。通常第1个产蛋年7～8个，第2个产蛋年10～12个，第3个产蛋年15～16个，此时已达产蛋高峰，稳定几年后，到第6年产蛋率逐渐下降。种蛋平均受精率为83.1%；受精蛋孵化率为81.9%。平均蛋重156.9克，蛋壳乳白色，蛋壳厚度0.60毫米，蛋形指数1.48。

（8）阳江鹅。中心产区位于广东省湛江地区阳江县。分布于邻近的阳春、电白、恩平、台山等县，在江门、韶关、海南、湛江等市及广西壮族自治区也有分布。

外貌特征：体型中等、行动敏捷。母鹅头细颈长，躯干略似瓦筒形，性情温顺；公鹅头大颈粗，躯干略呈船底形，雄性特征明显。从头部经颈向后延伸至背部，有一条宽约1.5～2.0厘米的深色毛带，故又叫黄鬃鹅。在胸部、背部、翼尾和两小腿外侧为灰色毛，毛边缘都有宽0.1厘米的白色银边羽。从胸两侧到尾椎，有一条像葫芦形的灰色毛带。除上述部位外，均为白色羽毛。在鹅群中，灰色羽毛又分黑灰、黄灰、白灰等几种。喙、肉瘤黑色，胫、蹼为黄色、黄褐色或黑灰色。

生长与产肉性能：成年公鹅体重4 200～4 500克，母鹅3 600～3 900克，70～80日龄仔鹅体重3 000～3 500克。饲养条件好，70～80日龄体重可达5 000克。70日龄肉用仔鹅公、母半净膛率分别为83.4%和83.8%。

繁殖性能：性早熟，就巢性强，1年平均就巢4次，公母鹅配种比例1：5～6，公鹅70～80日龄就有爬跨行为，母鹅开产日龄为150～160天，配种适龄为160～180天。产蛋季节在每年7月到次年3月，一年产蛋4期，平均每年产蛋量26～30个。种蛋受精率84%，受精蛋孵化率为91%。成活率90%以上。平均蛋重145克。蛋壳白色，少数为浅绿色。

（9）闽北白鹅。中心产区位于福建省北部的松溪、政和、浦城、崇安、建阳、建瓯等县，分布于邵武、福安、周宁、古田、屏南等县市。

外貌特征：全身羽毛洁白，喙、胫、蹼均为橘黄色，皮肤为肉色，虹彩灰蓝色。公鹅头顶有明显突起的冠状皮瘤，颈长胸宽，鸣声洪亮。母鹅臀部宽大丰满，性情温驯。雏鹅绒毛为黄色或黄中透绿。

生长与产肉性能：成年公鹅体重4 000克以上，母鹅3 000～4 000克。在较好的饲养条件下，100日龄仔鹅体重可达4 000克左右，肉质好。公鹅全净膛率80%，胸、腿肌占全净膛分别为16.7%和18.3%；母鹅全净膛率77.5%，胸、腿肌占全净膛重分别为14.5%和16.4%。

繁殖性能：母鹅开产日龄150天左右，公鹅7～8月龄性成熟，公母鹅配种比例1：5。1年产蛋3～4窝，每窝产蛋平均8～

12个，年平均产蛋 30～40 个。种蛋受精率 85％以上。受精蛋孵化率 80％。平均蛋重 150 克以上，蛋壳白色，蛋形指数 1.41。

（10）永康灰鹅。产于浙江省永康、武义等县，毗邻的各县也有分布，是我国灰色羽鹅中的一种小型品种。

外貌特征：该鹅体躯呈长方形，其前胸突出而向上抬起，后躯较大，腹部略下垂，颈细长，肉瘤突起。羽毛背面呈深灰色，白头部至颈部上侧直至背部的羽毛颜色较深，主翼羽深灰色。颈部两侧及下侧直至胸部均为灰白色，腹部白色。喙和肉瘤黑色。跖、蹼橘红色。虹彩褐色。皮肤淡黄色。

生长性能：成年公鹅3 800～4 200克，成年母鹅3 500～4 200克，2 月龄重2 500克左右。全净膛率 62％左右，半净膛率 82％。

繁殖性能：母鹅开产月龄 150 天左右。就巢性较强，每年 3～4 次。年产蛋量 40～50 个，平均蛋重 140 克，蛋壳白色。

（11）右江鹅。主产于广西的百色地区，由于主要分布于右江两岸的 12 个县，故名右江鹅。

外貌特征：背胸宽广，成年公、母鹅腹部均下垂。头部较小而平。咽喉下方无咽袋，按羽色分，有白鹅与灰鹅两种。白鹅全身羽毛洁白，虹彩浅蓝色，嘴、脚与蹼粉红色。皮肤、爪和喙豆为肉色。灰鹅体型与白鹅相同，仅毛色不同。头部和颈的背面羽毛呈棕色。颈两侧与下方直至胸部和腹部都生白羽。背羽灰色镶琥珀边。主翼羽前 2 根为白色，后 8 根为深灰色镶白边。尾羽浅灰色镶白边。腿羽灰色。头部皮肤和肉瘤交界处有一小圈白毛。虹彩黄褐色，嘴黑色，蹼橙黄色。

生长与产肉性能：90 日龄体重2 500克，160 日龄体重3 300克，180 日龄公鹅体重4 000克，母鹅体重3 600克。成年公鹅体重4 500克，母鹅重4 000克。3～6 月龄屠宰测定，公鹅半净膛率 84.48％，全净膛率 74.71％，母鹅半净膛率 81.13％，全净膛率 72.76％。

繁殖性能：就巢性强，母鹅 9～12 月龄开产，种鹅公、母配种比例 1∶5～6，种鹅利用年限 3 年以上。每年产蛋 3 窝，每窝产 8～15 个，个别达 18～20 个，通常以头窝所产较多。年平均产蛋 40 个。受精率 90％以上，受精蛋孵化率可达 95％。蛋重 150～170 克。蛋壳多数白色，少数青色。

2. 中型鹅品种

（1）皖西白鹅。中心产区位于安徽省西部丘陵山区和河南省固始一带，主要分布皖西的霍邱、寿县、六安、肥西、舒城、长丰等县以及河南的固始等县。

外貌特征：体型中等，体态高昂，气质英武，颈长呈弓形，胸深广，背宽平。全身羽毛洁白，头顶肉瘤呈橘黄色，圆而光滑无皱褶，喙橘黄色，喙端色较淡，虹彩灰蓝色，胫、蹼橘红色，爪白色，约 6％的鹅颌下带有咽袋。少数个体头颈后部有球形羽束。公鹅肉瘤大而突出，颈粗长有力，母鹅颈较细短，腹部轻微下垂。

生长与产肉、产绒性能：初生重 90 克左右，30 日龄仔鹅体重可达 1 500 克以上，60 日龄达 3 000～3 500 克，90 日龄达 4 500 克左右，成年公鹅体重 6 120 克，母鹅 5 560 克。8 月龄放牧饲养且不催肥的鹅，其半净膛率和全净膛率分别为 79.0％和 72.8％。皖西白鹅羽绒质量好，尤其以绒毛绒朵大而著称。平均每只鹅产羽毛 349 克，其中羽绒量 40～50 克。

繁殖性能：就巢性强，母鹅开产日龄一般为 6 月龄，公母鹅配种比例 1∶4～5。公鹅利用年限 3～4 年或更长，母鹅 4～5 年，优良者可利用 7～8 年。一般母鹅年产 2 期蛋，年产蛋量 25 个左右，约 3％～4％的母鹅可连产蛋 30～50 个，群众称之为"常蛋鹅"。种蛋受精率平均为 88.7％。受精蛋孵化率为 91.1％，健雏率 97.0％。平均蛋重 142 克，蛋壳白色，蛋形指数 1.47。平均 30 日龄仔鹅成活率高达 96.8％。

（2）雁鹅。原产于安徽省西部的六安地区，主要是霍邱、寿县、六安、舒城、肥西以及河南省的固始等县。分布于安徽省各

基本资料篇

地和江苏省的镇宁丘陵山区。原产地的雁鹅后来逐渐向东南移，现在安徽的宣城、郎溪、广德一带和江苏西南的丘陵地区形成了新的饲养中心。在江苏分布区通常称雁鹅为"灰色四季鹅"。

外貌特征：体型中等，体质结实，全身羽毛紧贴。头部圆形略方，头上有黑色肉瘤，质地柔软，呈桃形或半球形向上方突出。眼睑为黑色或灰黑色，眼球黑色，虹彩灰蓝色，喙黑色、扁阔，胫、蹼为橘黄色，爪黑色。颈细长，胸深广，背宽平，腹下有皱褶。皮肤多数为黄白色。成年鹅羽毛呈灰褐色和深褐色，颈的背侧有一条明显的灰褐色羽带，体躯的羽毛从上往下由深渐浅，至腹部为灰白色或白色。除腹部白色羽外，背、翼、肩及腿羽皆为银边羽，排列整齐。肉瘤的边缘和喙的基部大部分有半圈白羽。雏鹅全身羽绒呈墨绿色或棕褐色，喙、胫、蹼均呈灰黑色。

生长与产肉性能：在放牧饲养条件下，5～6月龄体重可达5 000克以上，在较好饲养条件下，2个月可长到5 000克。一般公鹅初生重109.3克、母鹅106.2克，30日龄公鹅体重791.5克，母鹅809.9克。60日龄公鹅体重2 437克，母鹅2 170克。90日龄公鹅体重3 947克，母鹅3 462克。120日龄公鹅体重4 513克，母鹅3 955克。成年公鹅体重6 020克，母鹅4 775克。成年公鹅半净膛率、全净膛率分别为86.1%和72.6%，母鹅半净膛率、全净膛率分别为83.8%和65.3%。

繁殖性能：就巢性强，一般母鹅开产在8～9月龄，但在较好饲养条件下，母鹅在7月龄开产。公鹅4～5月龄有配种能力，公、母鹅配种比例1∶5。公鹅利用年限2年，母鹅则为3年。一般母鹅年产蛋为25～35个，种蛋受精率85%以上，受精蛋孵化率为70%～80%。平均蛋重150克。蛋壳白色，蛋壳厚度0.60毫米，蛋形指数1.51。雏鹅30日龄成活率在90%以上。

（3）溆浦鹅。产于湖南省沅水支流溆水两岸。中心产区位于溆浦县新坪、马田坪、水车、仲夏、麻阳苗族自治县、桐水溪、大湾等地，分布在溆浦全县及怀化地区各县、市，在隆回、洞口、新化、安化等县也有分布。

外貌特征：体型高大，体躯稍长，呈长圆柱形。公鹅头颈高昂，直立雄壮，叫声清脆洪亮，护群性强。母鹅体型稍小，性情温驯、觅食力强，产蛋期间后躯丰满，呈卵圆形。毛色主要有白、灰两种，以白色居多。灰鹅颈、背、尾灰褐色，腹部为白色；皮肤浅黄色，眼睛明亮有神，眼睑黄白，虹彩灰蓝色；胫、蹼都是橘红色；喙黑色；肉瘤突起，呈灰黑色，表面光滑。白鹅全身羽毛白色，喙、肉瘤、胫、蹼都呈橘黄色；皮肤浅黄色，眼睑黄色，虹彩灰蓝色。该品种母鹅后躯丰满，腹部下垂，有腹褶。有 20% 左右的个体头顶有顶心毛。

生长与产肉、产肝、产绒性能：溆浦鹅初生重 122 克，30 日龄体重 1 539 克，60 日龄体重 3 152 克，90 日龄体重 4 421 克。180 日龄公鹅体重 5 890 克，母鹅 5 330 克。6 月龄肉鹅半净膛率公、母鹅分别为 88.6% 和 87.3%；全净膛率公、母鹅分别为 80.7% 和 79.9%。溆浦鹅产肝性能良好，成年鹅填饲 3 周，肥肝平均重为 627 克，最大肥肝重 1 330 克。体重 3 400 克溆浦鹅，平均 1 次拔毛量为 437.5 克。

繁殖性能：就巢性强，母鹅 7 月龄左右开产，公鹅 6 月龄具有配种能力，公、母鹅配种比例 1：3～5。公鹅利用年限 3～5 年，母鹅 5～7 年。一般年产蛋 30 个左右，种蛋受精率 97.4%。受精蛋孵化率 93.5%。平均蛋重 212.5 克。蛋壳以白色居多，少数为淡青色。蛋壳厚度 0.62 毫米，蛋形指数 1.28。雏鹅 30 日龄成活率为 85%。

（4）浙东白鹅。中心产区位于浙江省东部的奉化、象山、定海等县，分布于鄞县、绍兴、余姚、上虞、嵊县、新昌等县、市。

外貌特征：体型中等，体躯长方形，全身羽毛洁白，约有 15% 左右的个体在头部和背侧夹杂少量斑点状灰褐色羽毛。额上方肉瘤高突，成半球形。随年龄增长，突起变得更加明显。无咽袋、颈细长。喙、胫、蹼幼年时呈橘黄色，成年后变橘红色，肉瘤颜色较喙色略浅，眼睑金黄色，虹彩灰蓝色。成年公鹅体型高大雄伟，肉瘤高突，鸣声洪亮，好斗逐人；成年母鹅腹宽而下垂，肉瘤较低，鸣声低沉，性情温驯。

生长与产肉、产肝性能：初生重 105 克，30 日龄体重 1 315 克，60 日龄体重 3 509 克，75 日龄体重 3 773 克。70 日龄仔鹅屠宰测定，半净膛率和全净膛率分别为 81.1% 和 72.0%。经填肥后，肥肝平均重 392 克，最大肥肝 600 克，料肝比为 44：1。

繁殖性能：就巢性较强，母鹅开产日龄一般在 150 天，公鹅 4 月龄开始性成熟，初配年龄 160 日龄，公、母鹅配种比例 1：10，多的达 1：15。一般每年有 4 个产蛋期，每期产蛋 8～13 个，一年可产 40 个左右。种蛋受精率 90% 以上，受精蛋孵化率达 90% 左右。平均蛋重 149 克。蛋壳白色。

(5) 四川白鹅。中心产区位于四川省温江、乐山、宜宾、永川和达县等地，分布于江安、长宁、翠屏区、高县和兴文等平坝和丘陵水稻产区。

外貌特征：体型稍细长，头中等大小，躯干呈圆筒形，全身羽毛洁白，喙、胫、蹼橘红色，虹彩蓝灰色。公鹅体型稍大，头颈较粗，额部有一呈半圆形的橘红色肉瘤；母鹅头清秀，颈细长，肉瘤不明显。

生长与产肉、产肝性能：初生雏鹅体重为 71.10 克，60 日龄体重 2 476 克。6 月龄公鹅半净膛率 86.28%，母鹅 80.69%，6 月龄公鹅全净膛率 79.27%，母鹅 73.10%。经填肥，肥肝平均重 344 克，最大 520 克，料肝比 42：1。

繁殖性能：无就巢性，母鹅开产日龄 200～240 天，公鹅性成熟期为 180 天左右，公、母鹅配种比例 1：3～4。年平均产蛋量 60～80 个，平均蛋重 146 克，蛋壳白色。种蛋受精率 85% 以上，受精蛋孵化率为 84% 左右。

(6) 固始白鹅。产于河南省固始县境内，与之毗邻的潢川、商城、光山以及息县、罗山、信阳等县市也都有相当数量的分布。

外貌特征：外观体色雪白，但少数鹅的副翼羽有几根灰羽，多数鹅为纯白色，全身羽毛紧贴，体质结实而紧凑，头近方圆形，大小适中而高昂，前端有圆而光滑的肉瘤。全身各部比例匀称，步态稳健，体姿雄伟，眼大有神，眼睑淡黄色，虹彩为灰色。嘴扁阔，颈细长向前似弓形，胸深广而突出，背宽而较平。体躯呈长方形，腿短粗、强壮有力。嘴、肉瘤、跖、蹼均为橘黄色，嘴端颜色较淡，爪呈白色。少数鹅的头颈交界处有一撮突出的绒球状颈毛，俗称"凤头鹅"。还有少数额下有一带状肉垂，俗称"牛鹅"。公鹅体型较母鹅高大雄壮，行走时昂首挺胸，步态稳健，叫声洪亮，头部肉瘤比母鹅大而突出，嘴较宽而长。母鹅性情温顺，叫声低而粗。在产蛋期间腹部有一条明显的皱褶，高产鹅的皱褶大而接近地面。

生长与产肉、产绒性能：固始白鹅的生长速度很快，初生雏鹅180克，在粗放饲养的条件下，30日龄体重可达1 200～1 600克，50日龄可达3 000～3 500克，90日龄可达4 500克，120天即可达成年体重。185日龄半净膛率79.51%，全净膛率68.55%。固始白鹅毛片大，毛绒丰厚，含绒率高达20%～25%。

繁殖性能：就巢性强，母鹅160～170日龄开产，公鹅150日龄性成熟。公母比例为1：3，种公鹅利用2～3年，母鹅利用3～5年。在一般粗放饲养管理条件下，年产蛋24～26个，个别高产鹅可达70个。一年产两窝蛋，头窝在2～3月份，产14～16个，第二窝在5～6月份，产8～10个。种蛋受精率90%，孵化率80%。平均蛋重145.4克，蛋形指数1.5。

（7）钢鹅。产于四川西南部凉山彝族自治州安宁河流域的河谷区，分布于该州的西昌、德昌、冕宁、米易和会理等县市。当地群众有填鹅取肝的习惯，肥肝性能良好。

外貌特征：体型较大，头呈长方形，喙宽平、灰黑色，公鹅肉瘤突出，黑色，前胸开阔，体躯向前抬起，体态高昂。鹅的头顶部沿颈的背面直到颈下部有一条由大逐渐变小的灰褐色的鬃状羽带，腹面的羽毛灰白色，褐色羽毛的边缘有银白色的镶边。胫粗，蹼宽，呈橘黄色。

生长与产肉性能：成年公鹅5 100克，成年母鹅4 500克。70日龄体重可达3 000克以上。全净膛率 76.75％，半净膛率88.4％。

繁殖性能：母鹅开产期6～7月龄，年产蛋量34～45个，平均蛋重173克，蛋壳白色。

（8）马岗鹅。产于广东省开平县。分布于佛山、肇庆地区各县。该鹅是1925年自外地引入公鹅与阳江母鹅杂交，经在当地长期选育形成的品种，具有早熟易肥的特点。

外貌特征：具有乌头、乌颈、乌背、乌脚等特征。公鹅体型较大，头大、颈粗、胸宽、背阔；母鹅体躯如瓦筒形，羽毛紧贴，背、翼、基羽均为黑色，胸、腹羽淡白。初生雏鹅绒羽呈墨绿色，腹部为黄白色，胫、喙呈黑色。

生长与产肉性能：成年公鹅5 000～5 500克，成年母鹅4 500～5 000克，60日龄仔鹅重3 000克。全净膛率73％～76％，半净膛率85％～88％。

繁殖性能：就巢性较强，每年3～4次。母鹅开产日龄150天左右，公、母配种比例1∶5～6，利用期5～6年。年产蛋量35个，平均蛋重160克，蛋壳白色。

（9）扬州鹅。产于江苏省扬州市。分布于江苏、安徽等地区一些市、县。该鹅是由扬州大学培育而成的新品种。该品种在培育过程中利用皖西白鹅、四川白鹅与太湖母鹅杂交，经在当地选育形成，具有遗传稳定，繁殖率高，早期生长快，耐粗饲，适应性强，肉质细嫩等特点。

外貌特征：头中等大小，高昂；前额有半球形肉瘤，瘤明显，呈橘黄色；颈匀称，粗细、长短适中；体躯方圆，紧凑；羽毛洁白、绒质较好，在鹅群中偶见眼梢或头顶或腰背部有少量灰褐色羽毛的个体；喙、颈、蹼橘红色（略淡）；眼睑淡黄色，虹彩灰蓝色；公鹅比母鹅体型略大，公鹅雄壮，母鹅清秀。雏鹅全身乳黄色，喙、胫、蹼橘红。

生长与产肉性能：初生重 82 克左右，70 日龄仔鹅舍饲平均体重可达 4 047 克，成活率达 96.5%；放牧补饲平均体重达 3 523 克左右，料肉比为 2.07∶1，成活率达 93.3%。70 日龄仔鹅全净膛率 67%～68%，半净膛率 76%～78%；胸肌率 7.5%～7.8%，腿肌率 18%～20%。

繁殖性能：母鹅开产日龄一般为 7～8 月龄，开产体重 3.75～4.0 千克。公、母鹅配种比例 1∶4～5。68 周龄入舍母鹅产蛋量（1 月留种，产蛋至次年 5 月）可达 70～75 个。平均蛋重 141 克，60 周龄入舍母鹅产蛋量（4 月留种，产蛋至次年 5 月）可达 58～62 个。种蛋受精率平均为 92.1%，出雏率 87.2%。产蛋期成活率达 92%～94%；蛋壳白色，蛋形指数 1.47。

3. 大型鹅种　狮头鹅是我国唯一的大型鹅种，因前额和颊侧肉瘤发达呈狮头状而得名。狮头鹅原产于广东饶平县溪楼村，现中心产区位于澄海县和汕头市郊。在北京、上海、黑龙江、广西、云南、陕西等 20 多个省、直辖市、自治区均有分布。

外貌特征：体型硕大，体躯呈方形。头部前额肉瘤发达，覆盖于喙上，颌下有发达的咽袋一直延伸到颈部，呈三角形。喙短，质坚实，黑色，眼皮突出，多呈黄色，虹彩褐色，胫粗蹼宽为橙红色，有黑斑，皮肤米色或乳白色，体内侧有皮肤皱褶。全身背面羽毛、前胸羽毛及翼羽为棕褐色，由头顶至颈部的背面形成如鬃状的深褐色羽毛带，全身腹部的羽毛白色或灰色。

生长与产肉、产肝性能：成年公鹅体重 8 850 克，母鹅为 7 860 克。在放牧条件下，公鹅初生重 134 克，母鹅 133 克，30 日龄公鹅体重 2 249 克，母鹅 2 063 克，60 日龄公鹅体重 5 550 克，母鹅5 115克，70～90 日龄上市未经肥育的仔鹅，公鹅平均体重6 180克，母鹅5 510克，公鹅半净膛率81.9%，母鹅为 84.2%，公鹅全净膛率71.9%，母鹅为 72.4%。狮头鹅平均肝重 600 克，最大肥肝可达1 400克，肥肝占屠体重达 13%，料肝比为 40：1。

繁殖性能：就巢性强，母鹅开产日龄为 160～180 天，一般控制在 220～250 日龄。种公鹅配种一般都在 200 日龄以上，公、母鹅配种比例 1：5～6。鹅群在水中进行自然交配，种蛋受精率70%～80%，受精蛋孵化率80%～90%。产蛋季节通常在当年 9 月至次年 4 月，这一时期一般分 3～4 个产蛋期，每期可产蛋6～10 个。第一个产蛋年产蛋量为 24 个，平均蛋重 176 克，蛋壳乳白色，蛋形指数为 1.48。2 年以上母鹅，平均产蛋量 28 个，平均蛋重 217.2 克，蛋形指数 1.53。

（二）引进鹅品种

1. 小型鹅种　埃及鹅产于埃及，属非洲类鹅品种，体型很小，成年公鹅体重3 800克，母鹅体重3 000克。母鹅产蛋很少，平均年产蛋 6～8 个，蛋重 145.8 克。大多数鹅为灰色、黑色，并点缀一些白色、微红色和蛋黄色羽。埃及鹅属于观赏用的品种。

2. 中型鹅种

（1）朗德鹅。又称西南灰鹅，原产于法国西南部靠比斯开湾的朗德省，是世界著名的肥肝专用品种。

外貌特征：毛色灰褐，在颈、背都接近黑色，在胸部毛色较浅，呈银灰色，到腹下部则呈白色。也有部分白羽个体或灰白杂色个体。通常情况下，灰羽的羽毛较松，白羽的羽毛紧贴，喙橘黄色，胫、蹼为肉色。灰羽在喙尖部有一浅色部分。

生长与产肉、产肝、产绒性能：成年公鹅体重7 000～8 000克，成年母鹅体重6 000～7 000克。8 周龄仔鹅活重可达4 500克左右。肉用仔鹅经填肥后，活重达到10 000～11 000克，肥肝重量达 700~800 克。朗德鹅对人工拔毛耐受性强，羽绒产量在每年拔毛 2 次的情况下，可达 350~450 克。

繁殖性能：就巢性较强，性成熟期约 180 天，母鹅一般在 2~6 月龄产蛋，年平均产蛋 35~40 个，平均蛋重 180~200 克。种蛋受精率不高，仅 65% 左右。

（2）莱茵鹅。原产于德国莱茵州，是欧洲产蛋量最高的鹅种，现广泛分布于欧洲各国。我国许多省份均已引入。

外貌特征：体型中等偏小。初生雏背面羽毛为灰褐色，从 2 周龄到 6 周龄，逐渐转变为白色，成年时全身羽毛洁白。喙、胫、蹼呈橘黄色。头上无肉瘤，颈粗短。

生长与产肉性能：成年公鹅体重 5 000~6 000 克，母鹅 4 500~5 000 克。仔鹅 8 周龄活重可达 4 200~4 300 克，料肉比为 2.5~3.0∶1，莱茵鹅能适应大群舍饲，是理想的肉用鹅种。但产肝性能较差，平均肝重为 276 克。

繁殖性能：母鹅开产日龄为 210~240 天，公、母鹅配种比例 1∶3~4，年产蛋量为 50~60 个，平均蛋重 150~190 克。种蛋平均受精率 74.9%，受精蛋孵化率 80%~85%。

3. 大型鹅种

（1）埃姆登鹅。原产于德国西部的埃姆登城附近。19 世纪，经过选育和杂交改良，曾引入英国和荷兰白鹅的血统，体型变大。台湾地区已引种。

外貌特征：全身羽毛纯白色，着生紧密，头大呈椭圆形，眼鲜蓝色，喙短粗，橙色有光泽，颈长略呈弓形，颌下有咽袋。体躯宽长，胸部光滑看不到龙骨突出，腿部粗短，呈深橙色。其腹部有一双皱褶下垂。尾部较背线稍高，站立时身体姿势与地面成 30°~40°。雏鹅全身绒毛为黄色，但在背部及头部有不等量的灰色绒毛。在换羽前，一般可根据绒羽的颜色来鉴别公母，公雏鹅绒毛上的灰色部分比母雏鹅的浅些。

生长性能：成年公鹅体重 9 000~15 000 克，母鹅 8 000~

10 000克。60日龄仔鹅体重3 500克。肥育性能好，肉质佳，用于生产优质鹅油和肉。羽绒洁白丰厚，活体拔毛，羽绒产量高。

繁殖性能：就巢性强，母鹅10月龄左右开产，公、母鹅配种比例1：3～4。年平均产蛋10～30个，蛋重160～200克，蛋壳坚厚，呈白色。

（2）图卢兹鹅。又称茜蒙鹅，是世界上体型最大的鹅种。原产于法国南部的图卢兹市郊区，主要分布于法国西南部。后传入英国、美国等国家。

外貌特征：体型大，羽毛丰满，具有重型鹅的特征。头大、喙尖、颈粗，中等长度，体躯呈水平状态，胸部宽深，腿短而粗。颌下有皮肤下垂形成的咽袋，腹下有腹褶，咽袋与腹褶均发达。羽毛灰色，着生蓬松，头部灰色，颈背深灰，胸部浅灰，腹部白色。翼部羽深灰色带浅色镶边，尾羽灰白色。喙橘黄色，腿橘红色。眼深褐色或红褐色。

生长与产肉性能：成年公鹅体重12 000～14 000克，母鹅9 000～10 000克，60日龄仔鹅平均体重为3 900克。产肉多，但肌肉纤维较粗，肉质欠佳。易沉积脂肪，用于生产肥肝和鹅油，强制填肥每只鹅平均肥肝重可达1 000克以上，最大肥肝重达1 800克。

繁殖性能：就巢性不强，母鹅开产日龄为305天，公鹅性欲较强，有22％的公鹅和40％的母鹅是单配偶，受精率低，仅65％～75％，公、母鹅配种比例1：1～2，1只母鹅1年只能繁殖10多只雏鹅。年产蛋量30～40个，平均蛋重170～200克，蛋壳呈乳白色。

二、鹅的生物学特性

（一）鹅的体型外貌

鹅的体型和外貌可以反映出鹅的生长发育、健康状况及生产性能，它是鹅生物学特性的外在表现，也是选种的基本内容之一。不同的品种都有其特定的外貌。因此，了解鹅的外貌是十分必要的。鹅体形态结构主要有头、颈、体躯、翼、尾等组成。鹅体各部位的名称如图 6-1 所示。

1. 头部　头部包括颅部和面部两部分。颅部位于眼眶背侧，分前头、头顶和头后区；面部位于眼眶下方及前方，分上喙区、下喙区、鼻区、眼下区、颊区和垂皮区。有的鹅种咽喉皮肤松弛，形成"咽袋"。鹅的头部与鸭一样，没有冠、肉垂、耳叶，却有鸡、鸭所没有的肉瘤，大多数中国鹅种是鸿雁的后代，其头的前额部都有肉瘤，多数为半圆形。肉瘤随年龄增长而长高，一般老年鹅的肉瘤比青年鹅大，公鹅较大，母鹅较小。欧洲鹅种和我国的伊犁鹅在灰雁的后代，一般无肉瘤。喙扁而宽，前端窄后端宽，呈楔形。肉瘤和喙的颜色有橘色和黑色 2 大类。有的鹅种头后有球型羽束，称为顶心毛。眼的虹彩可分为灰蓝色和褐色两种，随品种不同而异。头部外形除应符合品种特征外，还要求头小而短，眼大而明亮，反应灵活。

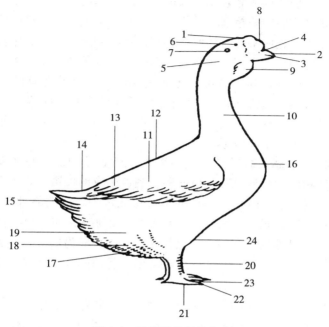

图 6-1　鹅外形各部位名称

1. 头　2. 喙　3. 喙豆　4. 鼻孔　5. 脸　6. 眼　7. 耳　8. 肉瘤　9. 咽袋
10. 颈　11. 翼　12. 背　13. 臀　14. 覆尾羽　15. 尾羽　16. 胸　17. 腹
18. 绒羽　19. 腿　20. 胫　21. 趾　22. 爪　23. 蹼　24. 腹褶

2. 颈部　颈部分颈背区、颈侧区（两侧）和颈腹区，各占
1/4。鹅颈比鸡颈长得多，也比鸭颈长，中国鹅种颈细长弯成弓
形，欧洲鹅种颈粗短。一般认为小型鹅种颈细长，产蛋性能好；
大型鹅种颈粗短，易肥育，生产肥肝时较易填饲，肥肝也较大。
颈的粗细与体躯的宽深相关。颈部外形的要求是在符合品种特征
的前提下，宜粗短些。

3. 体躯　体躯部又分为背区，腹区和左右两肋区。鹅的体
躯比鸡大得多，比鸭也大，显得长而宽。躯干部的大小形态与肉
用性能关系较大，一般认为大、中型鹅种体躯颀长，骨架大，肉

质粗；小型鹅种体躯较小，骨骼细，结构紧凑，肉质细嫩；多数中国鹅种前躯向前抬起，后躯发达，腹部下垂；欧洲鹅种体躯平直，几乎与地面平行。体躯的容积、形状和结构，与其中重要内脏的发育和功能有密切关系。胸部是心、肺等主要循环器官、呼吸器官的所在部位，腹部是主要消化器官、繁殖器官的所在部位。有些鹅种腹部皮肤皱褶明显，下垂呈袋状，叫腹褶，又叫"蛋窝"，腹部逐步下垂，是母鹅临近产蛋的特征。体躯外形要求是宽深丰满，呈长方形。

4. 胫、蹼 公鹅的胫较粗而长，母鹅较细短。胫和蹼的颜色往往相同，分橘色和黑色两种。橘色中有的偏黄，有的近于肉红色。胫、蹼的颜色是品种的重要特征之一，白羽品种鹅的胫、蹼颜色与喙色相同或相似，灰羽品种鹅的胫色有的与喙色相同，如乌鬃鹅为黑色，有的与喙色相异，如狮头鹅为橘红色，雁鹅多数为橘黄色。胫的发育情况反映着整个骨骼的发育情况，要求粗壮有力。

5. 翼、尾 鹅的翼主要由主翼羽和副翼羽组成，主翼羽 10根，副翼羽 12～14 根，在主、副翼羽之间有 1 根较短的轴羽。鹅尾比较短平，尾端羽毛略有上翘，但公鹅尾部无雄性羽。

（二）鹅的生活习性

1. 喜水性 鹅喜欢在水中觅食、嬉戏和求偶交配。鹅在水中每分钟能游 50～60 米。鹅有水中交配的习性，特别是在早晨和傍晚，水中交配次数占 60％以上。因此，在生产上要创造条件，让鹅能自由地下水和上陆。设计鹅舍时，必须有水陆运动场，二者还要连成一体，才能使鹅保持健康，羽毛有光泽。尽管鹅喜水，但也不是整天泡在水里，鹅要在陆地产蛋、采食、休息，尤其是产蛋和休息的地方，必须保持干燥和清洁。

2. 合群性 鹅喜欢群居和成群行动，行走时队列整齐，觅食时在一定范围内扩散。偶尔个别鹅离群，就呱呱大叫，追赶同伴归队集体行动。这种特性使鹅适于大群放牧饲养和圈养。但不同品种鹅混养时，合群性较差，需要通过调教让它们合群。

3. 耐寒怕热　鹅对气候的适应性比较强。鹅羽毛细密柔软，特别是毛片下的绒毛，绒朵大、密度大、弹性好，保温性能极佳，又有发达的尾脂腺，能形成防水御寒的特性。鹅的皮下脂肪较厚，耐寒性强，即使在 0℃ 左右的低温下，也能在水中活动，在 10℃ 左右的气温条件下，即可保持较高的产蛋率。相反，在炎热的夏季鹅比较怕热，喜欢泡在水中，或者在树阴下休息，觅食时间减少，采食量下降，产蛋率下降。

4. 敏感性　鹅的听觉很灵敏，警觉性很强，遇到陌生人或其他动物时就会高声鸣叫，且鹅相对胆大，有的鹅甚至用喙击或用翅扑击。鹅有较好的反应能力，容易接受饲养管理的训练和调教。但容易受惊扰而互相挤压践踏，影响生长、产蛋，甚至伤残、致病。对此，应尽可能保持鹅舍的安静。

5. 等级性　在鹅群中，存在等级序列，新鹅群中等级常常是通过争斗产生。在生产中，鹅群要保持相对稳定，频繁调整鹅群，打乱原有的等级序列，不利于鹅群生产性能的发挥。

6. 生活有规律　鹅具有良好的条件反射能力，可以按照人们的需要和自然条件进行训练，形成鹅群各自的生活规律。放牧鹅群的出牧、游水、交配、采食、休息、收牧，相对稳定循环出现。舍饲鹅群对一日的饲养程序一经习惯之后很难改变。所以，一经实施的饲养管理日程不要随意改变，特别是在种母鹅的产蛋期间更要注意。

（三）鹅的食性和消化特点

1. 食草性　鹅以植物性食物为主，一般只要是无毒、无特殊气味的野草都可供鹅采食。通常鹅只采食叶子，但野草不多时，茎、根、花、籽实都会被采食。鹅的颈粗长而有力，对青草、牙草尖和果穗有很强的衔食性。鹅的这种食草耐粗饲的特性，对于降低饲养成本十分有利。因此，在我国现今人均占有粮食较低，饲料粮紧张的条件下，大力发展养鹅等食草动物，是实现畜牧业战略性结构调整的一项重要举措。

2. 鹅的消化特点　饲料由喙采食通过消化道直至排出泄殖腔，在各段消化道中消化程度和侧重点各不相同，比如肌胃是机械消化的主要部位，小肠以化学消化和养分吸收为主，而微生物消化主要发生在盲肠。鹅是食草家禽，在消化上又有其特点。

（1）胃前消化。鹅的胃前消化比较简单，食物入口后不经咀嚼，被唾液稍微湿润，即借舌的帮助而迅速吞咽。鹅的唾液中含有少量的淀粉酶，有分解淀粉的作用。但由于在胃前的消化道中酶的活力很低，其消化作用很有限，主要还是起食物通道和暂时贮存的作用。

（2）胃内消化。

①腺胃消化。鹅腺胃分泌的消化液（即胃液）含有盐酸和胃蛋白酶，不含淀粉酶、脂肪酶和纤维素酶。腺胃中蛋白酶能对食糜起初步的消化作用，但因腺胃体积小，食糜在其中停留时间短，胃液的消化作用主要在肌胃而不是在腺胃。

②肌胃消化。鹅肌胃很大，肌胃率（肌胃重占体重的百分率）约为5%，高于鸡（1.65%），而鹅肌胃容积与体重的比例仅是鸡的一半，表明鹅肌胃肌肉紧密厚实。同时肌胃内有许多沙砾，在肌胃强有力的收缩下，可以磨碎粗硬的饲料。

在机械消化的同时，来自腺胃的胃液借助肌胃的运动得以与食糜充分混合，胃液中盐酸和蛋白酶协同作用，把蛋白质进行初步分解。

鹅肌胃对水和无机盐有少量的吸收作用。

（3）小肠消化。鹅与其他畜禽相似，小肠消化主要靠胰液、胆汁和肠液的化学性消化作用，在空肠段的消化最为重要。

胰液和肠液含有多种消化酶，能使食糜中蛋白质、糖类（淀粉和糖元）、脂肪逐步分解，最终成为氨基酸、单糖、脂肪酸等。

　养鹅日程管理及应急技巧

基本资料篇

而肝脏分泌的胆汁则主要促进对脂肪及水溶性维生素的消化吸收。此外，小肠运动也对消化吸收有一定的辅助作用。

小肠中经过消化的养分绝大部分在小肠吸收，鹅对养分的吸收都是经过血液循环进入组织中被利用的。

（4）大肠消化。大肠由盲肠和直肠构成，盲肠是纤维素的消化场所，除食糜中带来的消化酶对盲肠消化起一定作用外，盲肠消化主要是依靠栖居在盲肠的微生物的发酵作用。盲肠中有大量的细菌，1克盲肠内容物细菌数有 10 亿个左右，最主要的是严格厌氧的革兰氏阴性杆菌。这些细菌能将粗纤维发酵，最终产生挥发性脂肪酸、氨、胺类和乳酸。同时，盲肠内细菌还能合成 B 族维生素和维生素 K。

盲肠能吸收部分营养物质，特别是对挥发性脂肪酸的吸收有较大实际意义。直肠很短，食糜停留时间也很短，消化作用不大，主要是吸收一部分水分和盐类，形成粪便，排入泄殖腔，与尿液混合排出体外。

3. 对鹅消化特点的利用　青饲料是鹅主要的营养来源，甚至完全依赖青饲料也能生存。鹅之所以能单靠吃草而活，主要是依靠肌胃强有力的机械消化、小肠对非粗纤维成分的化学性消化及盲肠对粗纤维的微生物消化 3 者协同作用的结果。与鸡、鸭相比，虽然鹅的盲肠微生物能更好地消化利用粗纤维，但由于盲肠内食糜量很少，而盲肠又处于消化道的后端，很多食糜并不经过盲肠。因此，粗纤维的营养意义不如想象中的那样重要。许多研究表明，只有当饲料品质十分低劣时，盲肠对粗纤维的消化才有较重要的意义。因此，在制订鹅饲料配方和饲养规程时，可采取降低饲料质量（营养浓度），增加饲喂次数和饲喂数量，来适应鹅的消化特点，提高经济效益。

（四）鹅的繁殖特性

1. 鹅的交媾器为伸出性的，有螺旋状扭曲的阴茎　鹅的

交媾器是由左、右并行的两条纤维淋巴体构成阴茎的茎底部和阴茎体。由于左、右两条纤维淋巴体是不对称的，通常左边比右边大得多，勃起时，左、右两条纤维淋巴体闭合形成一条射精沟，从阴茎基底部上方的两个输精管孔头排出精液，沿射精沟流至阴茎顶端射出。鹅的阴茎常有发育不良或普遍发生阳痿现象。单从外形、体格来选择公鹅常使鹅群受精率不高。

2. 鹅的繁殖呈现出明显的季节性　从当年的秋末开始，直到次年的春末为母鹅的产蛋期，即冬、春季节为鹅的繁殖季节，夏、秋季节休产。据研究认为，这是由于从长光照周期转变到短光照周期的刺激所诱发的，一般到夏季则进入休产时期。因此，鹅产蛋少、繁殖力低，并具有明显的季节性繁殖的特点。由于鹅有较明显的生殖季节，其生殖器官在非生殖季节发生萎缩，到下一个生殖季节前又发育。

3. 就巢性　许多鹅品种具有很强的就巢性。这也是鹅的产蛋量低的原因之一。凡是就巢性强的种鹅，产地群众习惯采用鹅孵鹅蛋的自然孵化进行繁殖，因此，这些地区普遍选择就巢性强的母鹅留种。而就巢性弱或无的种鹅，则多由产地的人工孵化普及。

4. 公、母鹅有固定配偶的习性　据观察，有的鹅群中有40%的母鹅和22%公鹅是单配偶。野雁为单配偶禽类，鹅的单配偶性可能与家鹅由野雁驯化而来有关。

5. 迟熟性　鹅是长寿动物，成熟期和利用年限都比较长。一般中、小型鹅的性成熟期为6～8个月，大型鹅种则更长。母鹅利用年限一般可达5年左右，公鹅也可以利用3年以上。

6. 夜间产蛋性　禽类大多数是白天产蛋，而母鹅是夜间产蛋，这一特性为种鹅的白天放牧提供了方便。夜间鹅不会在产蛋窝内休息，仅在产蛋前半小时左右才进入产蛋窝，产蛋后稍歇片刻才离去，有一定的恋巢性。鹅产蛋一般集中在凌晨，若多数窝被占用，有些鹅宁可推迟产蛋时间，这样就影响鹅的正常产蛋。因此，鹅舍内窝位要足，垫草要勤换。

（五）鹅的体温调节特点

鹅是恒温动物，正常体温为 40～41.3℃，这种恒定是依赖自身的产热和散热两个过程的动态平衡而实现的。体热是在活动过程中产生的，其中肌肉、内脏和各种腺体产热量最多，饲料在消化道内的发酵也产生一定的热量。由于鹅的皮肤没有汗腺，散热则主要通过皮肤裸区对热的辐射作用，通过张口呼吸来增加肺和气囊的蒸发作用。当外界温度升高时，鹅依靠增加呼吸次数，增加呼吸气体、蒸发水分的量来散热，借以维持体温的恒定。但这种维护体温恒定的能力是有限的，长时间的高温会出现热应激反应，造成生产性能下降。所以说鹅对高温的耐受力差，在饲养管理中应引起注意。成年鹅不耐高温，但比较耐寒冷。但雏鹅的体温调节能力较差，雏鹅出壳后，全身仅被覆稀薄的绒毛，保温性能差，在出壳后前几天内体温较低，比成年鹅要低 1～1.5℃，对雏鹅应注意保温。

（六）鹅的生长发育特点

鹅体重的相对增长高峰出现在 2～3 周龄，随周龄的增长而下降，10 周龄已下降到 10% 以下，绝对增重最快的时期出现在 4～8 周龄，9 周龄以后明显下降，肉用仔鹅的饲养就是利用其早期生长发育快的特点。性别对初生体重影响不明显，至 5 周龄以后公、母体重的差异逐渐增大，7 周龄以后达到显著和极显著水平。鹅的沉积脂肪能力强，鹅肝脏合成脂肪的能力大大超过其他家禽和哺乳动物，其脂肪组织中合成脂肪数量只占 5%～10%，而肝脏中合成的脂肪却占 90%～95%，这是利用鹅来生产肥肝的重要依据。

（七）鹅的羽毛生长特点

禽类羽绒是皮肤的衍生物，羽绒生长先形成羽根，羽根末端与真皮结合形成羽绒乳头，血管由此进入羽髓，血管为羽绒生长提供营养物质。待羽绒成熟后，血管从羽绒上部至羽根逐渐萎缩干枯，因此成熟羽绒的羽根白而坚硬；没有成熟的羽绒，羽根由于有血管而呈红色，且质地较软。

鹅的羽毛形成于胚胎发育期。受精卵孵化 11 天以后，羽毛便开始形成，逐步形成雏羽（或称幼羽），17 天时全身布满绒羽。出壳前数天雏羽完全成熟，覆盖雏鹅全身。但鹅的表皮的毛囊和羽毛迅速发育期是在 3～8 周龄期间。因为刚出壳的雏鹅其雏羽要经数次脱换，2 周龄后，雏羽逐渐脱换为青年羽，8～12 周龄期间，青年羽又逐步脱换为成年羽。从雏鹅初生至 12 周龄，不仅肌体要生长发育，还要频繁更换羽毛，所以应加强营养和管理。成年羽在一般情况下，一年更换一次，人们所利用的就是成年羽。

三、鹅的生理常数

鹅的生理常数报道数据较少，王宝维测定了豁眼鹅的生理常数见表6-1、表6-2和表6-3。

表6-1　呼吸、心跳和体温测定结果

呼吸（次/分）		心跳（次/分）		体温（℃）	
♂	♀	♂	♀	♂	♀
12.63±0.74	12.63±0.92	112.63±5.32	97.63±5.24	41.33±0.34	41.08±0.21

表6-2　红血球、白血球及血红蛋白的数量

红血球（万/毫米^3）	白血球（个/毫米^3）	血红蛋白（克）
247.5845±25.47	45126±5451	11.29±1.79

表6-3　血液11项生化指标测定结果

血糖（毫克/分升）	胆固醇（毫克/分升）	血清钠（毫克/分升）	血清钾（毫克/分升）	血清总蛋白（克/分升）	血清白蛋白（克/分升）	血清球蛋白（克/分升）	血浆CO_2结合力（毫升/分升）	谷丙转氨酶（国际单位）	淀粉酶（国际单位）	黄疸指数（单位）
134	509.25	381.12	27.3	5.39	3.575	1.815	44.65	30.04	194.67	4.86

基本资料篇

商常发等测定了皖西白鹅的生理生化指标见表 6-4。

表 6-4　皖西白鹅 21 项生理生化指标测定结果

项目		单位	实测范围
体温		℃	40.0~41.5
心跳		次/分	108~168
呼吸		次/分	12~24
血沉	15	毫米	0.2~1.5
	30	毫米	0.7~2.5
	45	毫米	1.5~3.0
	60	毫米	2.0~4.2
血红蛋白		克/升	90~168
红细胞压积		%	35~47
红细胞数		10^{12}/升	1.77~3.35
白细胞数		10^9/升	16.00~44.00
红细胞血红蛋白		皮克	39.1~64.8
红细胞血红蛋白浓度		%	23.0~38.1
红细胞体积		克/升	133.9~220.0
白细胞分类计数	嗜酸	%	1~13
	嗜碱	%	0~2
	异嗜	%	22~75
	淋巴	%	21~72
	单核	%	0~3
血清钾		毫摩尔/升	2.42~9.86
血清钠		毫摩尔/升	90~170
血清钙		毫摩尔/升	1.03~2.98
血清无机磷		毫摩尔/升	0.82~3.53
血清镁		毫摩尔/升	0.77~1.94
血清葡萄糖		毫摩尔/升	7.22~10.64
血浆 CO_2 结合力		毫摩尔/升	12.40~27.3
血清谷丙转氨酶		国际单位/升	295.6~1071
谷草转氨酶		国际单位/升	0~978.81

四、国内部分种鹅场信息

国内的种鹅场很多，而被农业部认证的第一批国家级水禽遗传资源基因库和保种场仅 9 个，见表 6-5。

表 6-5　国家级水禽遗传资源保种场（基因库）名单

编　号	基因库名单	建设单位
A3204	国家级水禽基因库（江苏）	江苏畜牧兽医职业技术学院
A3506	国家级水禽基因库（福建）	福建省石狮市水禽保护中心
C2111001	国家级豁眼鹅保种场	辽宁省豁眼鹅原种场
C3411002	国家级皖西白鹅保种场	安徽省皖西白鹅原种场
C3611003	国家级兴国灰鹅保种场	江西省兴国灰鹅原种场
C4311004	国家级酃县白鹅保种场	湖南省株洲神风牧业酃县白鹅资源场
C4411005	国家级狮头鹅保种场	广东省汕头市白沙禽畜原种研究所
C4411006	国家级乌鬃鹅保种场	广东省清新县乌鬃鹅良种场
C5111007	国家级四川白鹅保种场	四川省南溪县四川白鹅育种场

基本资料篇

参 考 文 献

2007. 如何做好鸭场的卫生防疫工作. 中国兽药 114 网. http：// www. ar114. com. cn/yzjs/show. php? itemid＝29677.

蔡宝祥. 2001. 传染病学 ［M］. 北京：中国农业出版社.

陈玉库，周新民. 2008. 鸭鹅疾病 ［M］. 北京：中国农业出版社.

崔尚金，崔玉. 2006. 当前有效控制我国畜禽传染病的思路及手段 ［J］. 中国禽业导刊（3）：12-13.

崔治中. 2003. 禽病诊治彩色图谱 ［M］. 北京：中国农业出版社.

龚道清. 2004. 工厂化养鹅新技术 ［M］. 北京：中国农业出版社.

何大乾. 2007. 鹅高效生产技术手册 ［M］. 第 2 版. 上海：上海科学技术出版社.

何大乾，卢永红. 2005. 鹅高效生产技术手册 ［M］. 上海：上海科学技术出版社.

景跃辉，苏志宏，张祥民. 2008. 动物发热的症状与信息 ［J］. 当代畜禽养殖业（3）：35-36.

李长梅. 2006. 樱桃谷鸭脱肛处理体会 ［J］. 中国禽业导刊（8）：27.

李承勇，Dhia-Alchalai. 2003. 减轻断电造成的损失 ［J］. 国外畜牧学·猪与禽（10）：30-33.

李春雨. 2007. 动物药理 ［M］. 北京：中国农业出版社.

刘国君. 2007. 鹅标准化生产技术周记 ［M］. 哈尔滨：黑龙江科学技术出版社.

米瑞娟，殷凤斌，杨丽萍. 2004. 一例雏鹅一氧化碳中毒的报告 ［J］. 中国禽业导刊（7）：26.

商常发，等.1992.皖西白鹅21项生理生化指标的测定［J］.安徽农师院学报（12）：64-67.

王宝维，等.1986.烟台五龙鹅生理常数及血液生化指标的测定［J］.家禽科学（2）：10-13.

王述柏.2008.无公害鹅安全生产手册［M］.北京：中国农业出版社.

王亚非，疏义刚，方增光.2007.有效控制我国畜禽传染病的措施和手段［J］.青海畜牧兽医杂志（5）：159-160.

吴海民.2000.停电时的孵化管理［J］.甘肃畜牧兽医（5）：35.

杨彬.2007.家禽常见药物中毒及防治措施［J］.养殖技术顾问（7）：94-95.

杨小勇.2008.家禽腹泻的原理和处理意见［J］.北方牧业（13）：45.

尹兆正.2006.肉鹅［M］.北京：中国农业大学出版社.

赵兴绪.魏彦明.2003.畜禽疾病处方指南［M］.北京：金盾出版社.

周新民.2001.动物药理［M］.北京：中国农业出版社.

参考文献

图书在版编目（CIP）数据

养鹅日程管理及应急技巧/段修军主编．—北京：中国农业出版社，2013.4（2017.3 重印）

（21世纪规范化养殖日程管理系列）

ISBN 978-7-109-17703-1

Ⅰ．①养… Ⅱ．①段… Ⅲ．①鹅－饲养管理 Ⅳ.①S835

中国版本图书馆 CIP 数据核字（2013）第 046337 号

中国农业出版社出版

（北京市朝阳区农展馆北路2号）

（邮政编码100125）

策划编辑　郭永立　刘　伟

文字编辑　肖　邦　郭永立

中国农业出版社印刷厂印刷　　新华书店北京发行所发行

2014 年 2 月第 1 版　　2017 年 3 月北京第 3 次印刷

开本：850mm×1168mm 1/32　　印张：11.25

字数：282 千字

定价：25.00 元

（凡本版图书出现印刷、装订错误，请向出版社发行部调换）